ZEITSCHRIFT FÜR ANGEWANDTE GEOLOGIE

HERAUSGEGEBEN VON

DER STAATLICHEN GEOLOGISCHEN KOMMISSION

UND DER ZENTRALEN VORRATSKOMMISSION

DER DEUTSCHEN DEMOKRATISCHEN REPUBLIK

AUS DEM INHALT

AKADEMIE-VERLAG · BERLIN

BAND 7 / HEFT **12**
DEZEMBER 1961
SEITE 609 — 664

	INHALT	СОДЕРЖАНИЕ	CONTENTS	
STAMMBERGER, F.	Die bewußte Anwendung der Dialektik — Grundvoraussetzung eines wissenschaftlichen Arbeitsstils	Сознательное применение диалектики — основная предпосылка научного стиля работы	Conscious Application of Dialectics — Fundamental Prerequisite to a Scientific Style of Work	609
BUJALOW, N. I.	Zur Methodik des Aufsuchens und der Erkundung von Erdöl- und Erdgaslagerstätten	К методике поисков и разведки нефтяных и газовых месторождений	Methodology of Prospecting and Reconnaissance of Petroleum and Natural Gas Deposits	613
GELLER, E. M.	Die Untersuchung kleiner Gehalte an Kohlenwasserstoffgasen in Gesteinen	Определение малых содержаний углеводородных газов в породах	Testing of Small Hydrocarbon Gas Contents in Rocks	616
IWANOW, W. W.	Das Verhalten von Indium in verschiedenaltrigen Lagerstätten	Поведение индия в разновозрастных меcтрождениях	Behaviour of Indium in Deposits of Different Ages	619
BEUS, A. A. & A. A. SITNIN	Zur Geochemie des Tantal und Niob bei hydrothermal-pneumatolytischen Prozessen	К геохимии тантала и ниобия в гидротермально-пневматолитическом процессе	Geochemistry of Tantalum and Niobium in Hydrothermal-Pneumatolytic Processes	621
MEHNER, W.	Kiessandlagerstätten der Bezirke Potsdam, Frankfurt, Cottbus	Месторождения гравиевого песка округов Потсдам, Франкфурт и Котбус	Gravel Sand Deposits of the Districts Potsdam, Frankfurt and Cottbus	624
KÖHLER, R.	Eignungsuntersuchungen von Tonen	Исследования при годности глин	Aptitude Tests of Clays	630
KLÍR, ST.	Charakterisierung der hydrogeologischen Verhältnisse bei der Vorratsberechnung mineralischer Rohstoffe	Характеристика гидрогеологических условий в подсчетах запасов полезных ископаемых	Characterization of Hydrogeological Conditions in Reserve Calculations of Useful Minerals	634
HOHL, R.	Zur Klassifikation von Grundwasservorräten	О возможности классификации запасов подземных вод	Possibility of Classifying Ground-Water Reserves	636
VRBA, J.	Darstellungsmethoden der hydrochemischen Verhältnisse auf hydrogeologischen Karten	Методы изображения гидрохимических условий на гидрогеологических картах	Methods of Representation of Hydrochemical Conditions on Hydrogeological Maps	640
WAGNER, F.-W.	Die magnetische Anomalie von Delitzsch	Магнитная аномалия около Делитцш	The Magnetic Anomaly of Delitzsch	644
GUMUŁKA, J.	Hydrochemische Untersuchungen im Küstengebiet von Koszalin — Gdańsk	Гидрохимические исследования в прибрежном районе между Кошалином и Гданьском	Hydrochemical Investigations in the Koszalin—Gdańsk Coastal Area	647
STEMULAK, J.	Bericht über die Bohrung Płońsk 1	Отчет о скважине Плёньск I	Report of Płońsk 1 Drilling	649
TYSKI, ST.	Die Ergebnisse der Basisbohrung Pasłek IG I	Результаты опорной скважины ИГ I	Results of Pasłek IG I Base Drilling	651
CLAUSS, W. & W. GOTTESMANN	Ein rationelles Teilnaßschleifverfahren für die Herstellung von Salzgesteinsdünnschliffen	Рациональный способ частичного мокрого шлифования тонких шлифов соляных пород	Rational Partial Wet Grinding Process for the Preparation of Thin Sections of Salt Rocks	652
SEYFERT, H. & H. KALINNA	Schnelleres Auswechseln der Meßeinrichtungen am Schnellfotometer II und III vom VEB Carl Zeiss Jena	Более скорая смена измерительных устройств на экспресс-фотометрах типа II и III народного предприятия им. Карл Цейсс, Иена	Quicker Exchange of Measuring Devices for Rapid Photometers II and III of VEB Carl Zeiss Jena	653
Autorenkollektiv	Grundfragen und Methoden der Strukturuntersuchungen von Erzfeldern und -lagerstätten (referiert von F. STAMMBERGER)	Основные вопросы и методы структурных исследований рудных полей и месторождений (Реферат Ф. Штамбергера)	Fundamental Problems and Methods of Structural Investigations of Ore Fields and Deposits (Abstracted by F. STAMMBERGER)	654

Lesesteine, Besprechungen u. Referate, Neuerscheinungen u. Literaturhinweise, Nachrichten u. Informationen, Kurznachrichten 655–664

Die ZEITSCHRIFT FÜR ANGEWANDTE GEOLOGIE berichtet ständig über folgende Arbeitsgebiete: Geologische Grundlagenforschung und Lagerstättenforschung / Methodik der geologischen Erkundung / Ökonomie und Planung der geologischen Erkundung / Technik der geologischen Erkundung / Geologie und Lagerstättenkunde im Ausland. In der Zeitschrift können alle strittigen Fragen der praktischen Geologie behandelt werden. Die Autoren übernehmen für ihre Aufsätze die übliche Verantwortung.

ZEITSCHRIFT FÜR ANGEWANDTE GEOLOGIE

KOLLEKTIVE CHEFREDAKTION

Dr. K. KAUTER (Redaktionssekretär)
Dr. F. STAMMBERGER
Dr. G. TISCHENDORF
Dipl.-Berging.-Geol. G. ZINDLER

BAND 7 · 1961 · HEFT 1 bis 12

INHALTSVERZEICHNIS

Artikel ohne Verfasserangabe

Geologie, Paläontologie

Mineralogie, Petrographie

Geochemie, Lagerstättenkunde, Bergbau

Geophysik

Ingenieurgeologie, Hydrogeologie, Bodengeologie

Methodik der Erkundung

Vorratsberechnung

Chemie

Technisches

Wirtschaftliches

Wissenschaftliche Tagungen

Sonstiges

Lesesteine

Besprechungen und Referate

Besprechungen und Referate ohne Verfasserangabe

Neuerscheinungen und Literaturhinweise

Nachrichten und Informationen

Kurznachrichten

ZEITSCHRIFT FÜR ANGEWANDTE GEOLOGIE

KOLLEKTIVE CHEFREDAKTION

Dr. K. KAUTER (Redaktionssekretär)
Dr. F. STAMMBERGER
Dr. G. TISCHENDORF
Dipl.-Berging.-Geol. G. ZINDLER

BAND 7 · DEZEMBER 1961 · HEFT 12

Die bewußte Anwendung der Dialektik – Grundvoraussetzung eines wissenschaftlichen Arbeitsstils

FRIEDRICH STAMMBERGER, Berlin

1. „Zur Frage der Dialektik in der Geologie“

Dieses interessante Thema war 1959 in der Zeitschrift für angewandte Geologie der Titel eines Aufsatzes von F. WEGERT, wurde jedoch bisher im Grunde noch nicht bearbeitet, da WEGERTs Aufsatz lediglich mit der im gleichen Jahr veröffentlichten Arbeit „Dialektik — Grundlage moderner Geologie“ von K. KAUTER polemisierte und keineswegs das Thema ausschöpfte. WEGERT begrüßte die begonnene Aussprache und schloß mit dem Wunsche nach ihrer Fortsetzung:

„Sie darf aber nicht abstrakt und allgemein bleiben, sondern sie muß auf Grund von konkreten Beispielen in bestimmten Fragen geführt werden.“

Wie die Erfahrung zeigt, ist die gründliche Bekanntschaft mit der materialistischen Dialektik eine dringende Notwendigkeit. Nur wenn die Dialektik zur bewußten Arbeitsmethode der Geologen wird, werden wir einerseits den noch weit verbreiteten eklektischen Pseudo-Objektivismus überwinden und andererseits einwandfreie theoretische Ergebnisse erzielen, die unerläßliche Voraussetzung für praktische Erfolge sind. Allerdings wäre es eine trügerische Hoffnung, wenn man nur von der Darlegung der allgemeinen Gesetze der materialistischen Dialektik unmittelbar und automatisch Erfolge in der geologischen Theorie und Praxis erwarten würde. Das Wesen der Dialektik macht vielmehr das eingehende Studium der geologischen Tatsachen und des konkreten Verlaufes der Entwicklung zur unerläßlichen Bedingung.

Die bewußte Anwendung der materialistischen Dialektik sollte den wissenschaftlichen Arbeitsstil der deutschen Geologen formen und bestimmen. Der Geologe — Praktiker und Theoretiker — kommt heute ohne eine gründliche philosophische Bildung nicht aus. Sie gehört zum unbedingten Rüstzeug jedes Wissenschaftlers.

Nachfolgend sei an einigen strittigen Fragen der Lagerstättenkunde nachgewiesen, daß nur bei Anwendung der marxistischen Dialektik die richtige Lösung schnell und ohne Irrwege gefunden werden kann.

2. Was ist eine Lagerstätte? Was ist ein Mineralvorrat?

Während der Diskussionstagung des Lagerstättenausschusses der GDMB am 23. November 1957 in Clausthal-Zellerfeld beantworteten unsere westdeutschen Kollegen die erste Frage sehr widerspruchsvoll:

„... Eine Lagerstätte ist eine Konzentration von Erz in bauwürdiger Form.“

„... Der Begriff der Lagerstätte sollte nicht auf wirtschaftliche Momente bezogen werden.“

„... Eine Lagerstätte ist einfach irgendeine Konzentration von Mineralien.“

„... Der geologische Körper ist eine Lagerstätte nur, wenn er bauwürdig ist.“

„Eine Lagerstätte ist jede natürliche Kombination von Mineralen, die den Durchschnitt der obersten 16 km der Erdrinde übersteigt.“ (s. F. STAMMBERGER 1958.)

Es gelang den westdeutschen Geologen damals nicht, sich auf eine allgemeingültige und anerkannte Definition zu einigen, die Diskussion führte in dieser Frage zu keinem positiven Ergebnis.

Kann die materialistische Dialektik den Geologen bei der Lösung dieser Frage helfen?

Die dialektische Methode verlangt u. a. die Unterscheidung zwischen Wesen und Erscheinung einer Sache. Die echte Wissenschaft beginnt erst dort, wo das Wesen der Erscheinung und ihre Entwicklungsgesetze erkannt werden. Der Begriff — z. B. „Lagerstätte“ — spiegelt als Denkform das Wesen der Erscheinung wider. Er erfaßt aus der Vielzahl konkreter Erscheinungen — z. B. der verschiedensten Lagerstätten — allgemeingleiche und zugleich wesentliche Merkmale. Das Denken entfernt sich dabei zweifellos von der unmittelbaren Anschauung des Gegenstandes, es spiegelt die Wirklichkeit in Form von Abstraktionen wider, sondert dabei das Wesentliche aus. Das Wesen des Gegenstandes muß außerdem durch dessen allseitige Bestimmung durch Klärung seiner Bedeutung in allen seinen Zusammenhängen aufgedeckt werden.

Fruchtbare Verfahren in der wissenschaftlichen Forschung zur Begriffsbildung sind Analyse und Synthese, d. h. gedankliche Zergliederung des Gegenstandes in seine Grundbestandteile und die Vereinigung zusammengehöriger Elemente zu einer Einheit. Dabei darf aber auch gedanklich nur das verbunden werden, was in der Wirklichkeit zusammengehört.

Die Analyse zeigt, daß eine Lagerstätte u. a. ein Teil der Erdkruste ist, daß es sich um eine Konzentration, eine natürliche Anhäufung von Mineralen handelt, daß diese Konzentration für die industrielle Produktion nützliche Eigenschaften besitzt, daß der Abbau dieser Minerale einen bestimmten wirtschaftlichen Nutzeffekt bringt. Bei einer Analyse der verschiedensten Lagerstätten kann man noch weitere Elemente feststellen: ihre Größe (wobei dieses Element für die verschiedenen Rohstoffe relativ ist), ihre Form, ihre Genese, den Aggregatzustand des Rohstoffes, den geologischen Bau, die bergtechnischen Verhältnisse usw.

Welche dieser Elemente sind für alle Lagerstätten allgemeingültig und gleich und vor allem für den zu erarbeitenden Begriff „Lagerstätte" wesentlich? Offensichtlich besteht das Wesen des Begriffes Lagerstätte darin, daß es sich um eine natürliche Anhäufung von Mineralen handelt, deren Abbau und Verarbeitung volkswirtschaftlich nützlich ist.

Doch diese Definition genügt nicht, da nur die Qualität[1] — nur die wesentlichste Eigenschaft — der Lagerstätte definiert wurde. Zwar ist eine Lagerstätte nur dank dieser Qualität überhaupt eine Lagerstätte; wenn die Qualität verschwindet, hört die Lagerstätte auf, eine Lagerstätte zu sein. Doch die Qualität kann nicht ohne ihre quantitative Bestimmtheit begriffen werden, d. h., die Mineralanhäufung muß so groß und derart sein, daß ihre wirtschaftliche Nutzung einen bestimmten Nutzeffekt hervorbringt. Daher wurde vom Autor 1956 formuliert:

„Als Lagerstätte nutzbarer Bodenschätze bezeichnet man eine natürliche Anhäufung von Mineralen, deren Abbau volkswirtschaftlichen Nutzen bringt. Bei geringen Mengen usw., die nur wissenschaftliches Interesse haben, spricht man von Mineralvorkommen."

In Clausthal ging die Diskussion bald von der Lagerstätte zum Vorrat über, da leicht zu erkennen war, daß eine Mineralkonzentration erst dank ihrer volkswirtschaftlichen Bedeutung zum Vorrat wird. In dieser Hinsicht ist auch die 1954—1956 in England geführte Diskussion über die Begriffe Erz und Vorrat bemerkenswert. Das Ergebnis dieser Aussprache und ihren Grundtenor kann man folgendermaßen zusammenfassen:

„Erz ist ein Mineral, das bei Erzielung eines Profits gewonnen und verarbeitet werden kann. Vorräte sind die festgestellten Mengen solcher Minerale!"

Eine Definition muß sich auf das Wesentliche und Charakteristische beschränken. Selbstverständlich muß und kann, wie bei jeder wissenschaftlichen Arbeit, von einzelnen Eigenschaften abstrahiert werden. Die Dialektik verlangt jedoch, den Gegenstand unbedingt allseitig zu betrachten und zu untersuchen. Jede subjektiv bedingte Einengung der Betrachtung muß zu Fehlern führen.

Ist die zitierte Definition allgemeingültig?

Für die kapitalistischen Forscher ist der Profit das Wesentliche des Erzvorrates. Sie nehmen dabei die Erscheinung für das Wesen. Eine wirklich objektive Betrachtung, die allein die Bezeichnung wissenschaftlich verdient, stellt jedoch als das Wesentliche eines Vorrates fest: die Mineralkonzentration eines bestimmten Umfanges (Quantität), einer bestimmten Qualität (Gehalt, Mächtigkeit usw.), eine der Technik erschließbare Konzentration, für deren Nutzung gegenwärtig lediglich wirtschaftlich vertretbarer Arbeitsaufwand erforderlich ist.

3. Zur ökonomischen Bewertung von Lagerstätten

Eines der methodischen Merkmale der Dialektik bei der Erforschung eines Problems ist auch das historische Herangehen. Dabei wird nicht nur der zeitliche Ablauf des untersuchten Prozesses — seine Entstehung und sein Ausklingen — betrachtet, sondern auch die Geschichte des Problems als solche. „Die Theorie eines Gegenstandes schließt auch die Geschichte dieser Theorie in sich ein" (Grundlagen der marxistischen Philosophie, 1959).

Wie notwendig eine solche historische Methode ist, zeigt die Behandlung des Problems der ökonomischen Bewertung von Lagerstätten bei uns. Infolge von Unkenntnis darüber, daß die ökonomische Bewertung von Lagerstätten eine über 80jährige Geschichte im Kapitalismus besitzt, wird der Begriff „Lagerstättenbewertung" in einzelnen Veröffentlichungen in Zusammenhängen und Bedeutungen gebraucht, die nur erstaunen können.

Eine wirklich wissenschaftliche Untersuchung des Problems der ökonomischen Bewertung von Lagerstätten kann selbstverständlich an der kapitalistischen Periode in der Geschichte dieses Problems nicht vorbeigehen. Sie ist verpflichtet, diese Periode zu studieren, vorgeschlagene Verfahren zu analysieren und ihr Wesen zu erkennen. Der Forscher ist ferner gezwungen, die Entwicklung der Theorie dieses Problems über die verflossenen acht Jahrzehnte hinweg zu verfolgen, vollzogene Veränderungen, Erkenntnisse usw. zu beachten. Da die Bewertung von Lagerstätten zweifellos eine ökonomisch-geologische Aufgabe ist, muß der Forscher ferner vorgeschlagene Bewertungsverfahren vom Standpunkt der politischen Ökonomie analysieren und untersuchen, ob der Inhalt dieses Begriffes mit dem Übergang vom Kapitalismus zum Sozialismus nicht eine grundlegende Veränderung erfahren hat. Schließlich ist der Forscher verpflichtet, die vorliegenden theoretischen und praktischen Ergebnisse der übrigen sozialistischen Länder zu überprüfen, ganz besonders die der Sowjetunion, die ja auf eine bedeutend längere sozialistische Entwicklung als wir zurückblicken kann.

Wenn eine solche historische Studie zum Thema vorliegt, kann gesagt werden, ob die gesellschaftliche Entwicklung zu einer Veränderung des Begriffes geführt hat, eine tiefere Begriffsbestimmung notwendig macht. Ist das der Fall, kann entweder der alte Begriff präzisiert und auf eine höhere Ebene der Abstraktion gehoben werden, oder es müssen neue Begriffe gebildet werden, die dem neuen Inhalt entsprechen.

Die Veröffentlichungen unserer Zeitschriften zum Thema der ökonomischen Bewertung von Lagerstätten erfüllen diese Forderung der Dialektik nur in Einzelfällen. Daher wurde auch der prinzipielle Unterschied zwischen der ökonomischen Bewertung einer Lagerstätte im Kapitalismus und im Sozialismus nicht immer aufgedeckt.

Die kapitalistische ökonomische Bewertung ist nichts anderes als die Berechnung und Kapitalisierung des zukünftigen Profites, während die ökonomische Bewertung einer Lagerstätte im Sozialismus die Bestimmung ihrer volkswirtschaftlichen Bedeutung ist. Zu welchen Kuriositäten das Abweichen von der marxistischen Dialektik führen kann, zeigt sowohl die Tatsache, daß im Jahre 1957 für die Sowjetunion eine kapitalistische Bewertungsmethode vorgeschlagen wurde, die 1877 für das kapitalistische England entwickelt worden war (F. STAMMBERGER 1960, K. L. POSHARIZKIJ 1957), als auch die nicht weniger bedauerliche Tatsache, daß 1958 in der Volksrepublik Polen die alten kapitalistischen Bewertungsformeln deutscher Prägung: die steuerliche Rentenformel, die Mengenformel und die Förderformel, empfohlen wurden (W. BIERNACKI 1959).

---

[1]) Hier im philosophischen Sinne.

4. Zur Diskussion über den industriellen Minimalgehalt

Sehr instruktiv hinsichtlich der unbedingten Notwendigkeit, die materialistische Dialektik zur Grundlage unserer wissenschaftlichen Arbeit zu machen, ist die bei uns geführte Diskussion über den Begriff des industriellen Minimalgehaltes. Unter industriellem Minimalgehalt versteht die ZVK einen minimalen Durchschnittsgehalt im Fördergut, unter dem der Rohstoff von der Industrie gegenwärtig nicht mehr wirtschaftlich verarbeitet werden kann und der für eine bestimmte Frist — Tag, Woche, Quartal usw. — unbedingt eingehalten werden muß. Dieser Begriff gehört zu den wichtigsten in der Lagerstättenkunde. Vom philosophischen Standpunkt betrachtet, steckt er voller Dialektik.

Richtig verstanden, ist es ein Minimum, das eingehalten werden muß, und zugleich ein Durchschnitt des Gehaltes — nämlich in der Förderung. Die Forderung seiner unbedingten Einhaltung ergibt sich aus der angewandten Technologie. Zugleich wird dieser Begriff definiert als Gehalt im Lieferprodukt an die Aufbereitung oder die Hütte, muß vom Geologen jedoch angewendet werden auf die anstehenden Vorräte.

Dieser Begriff kann nur verstanden werden, wenn die Dialektik Grundlage und wesentlichster Bestandteil des wissenschaftlichen Arbeitsstils der Geologen geworden ist. Ihn richtig zu erkennen, ist nur möglich, wenn die ganze Vielfalt seiner Zusammenhänge und Beeinflussungen studiert und beachtet wird. Jede metaphysische Auslegung und Behandlung dieses Begriffes führt, wie die Praxis zeigt, unweigerlich zu Fehlern.

Die Metaphysiker haben z. B. aus dem industriellen Minimalgehalt eine untere feststehende Grenze gemacht, die nach ihrer Meinung die Bilanz- von den Außerbilanzvorräten abgrenzt. Nichts ist falscher als das. Der industrielle Minimalgehalt vermag als Durchschnittsgehalt auch solche Erzpartien aufzunehmen, die unter seinem Wert liegen, wenn sie zum Verschneiden besonders hochwertiger Partien, die weit über dem Durchschnitt liegen, benutzt werden.

Die Metaphysiker haben die Frage gestellt: Worauf bezieht sich denn der industrielle Minimalgehalt — auf einen einzelnen Block, einen größeren Teil der Lagerstätte oder gar die ganze Lagerstätte? Sie können nicht begreifen, daß die einzige Antwort darauf nur lauten kann: Er bezieht sich auf die Förderung und muß auf jene Teile der Lagerstätte übertragen werden, aus denen die jeweilige Förderung kommt, mit anderen Worten: Der industrielle Minimalgehalt muß als Durchschnitt aller abgebauten Erze — jeweils im Rahmen der vereinbarten Quantität, z. B. einer Tages-, Monats- oder Quartalslieferung — verstanden werden.

Wenn auf Grund des Abbauplanes die gesamte Förderung nur aus einem Block stammt, muß der Durchschnittsgehalt dieses Blockes den industriellen Minimalgehalt gewährleisten. Werden gleichzeitig zehn Blöcke abgebaut, wird die gleiche Forderung an den Durchschnitt aus allen zehn Blöcken bzw. ihren Anteilen an der Förderung gestellt. Befindet sich unter diesen Blöcken auch nur einer, der gehaltsmäßig weit über dem geforderten Minimum liegt, besteht die Möglichkeit, einen Block mitzugewinnen, der — allein betrachtet — weit unter dem industriellen Minimalgehalt liegt.

Die Metaphysiker haben sogar den Einwand erhoben: „Es gibt nur eine Definition des industriellen Minimalgehaltes, also müßte es auch nur einen Minimalgehalt geben. Das trifft jedoch nicht zu. Also ist auch die Definition der ZVK falsch bzw. der Begriff des industriellen Minimalgehaltes überflüssig."

Der Begriff des industriellen Minimalgehaltes kann wie jeder Begriff nur das Wesen der vielfältigen Erscheinungen wiedergeben. Er sieht von äußerlichen Seiten und Zusammenhängen ab, erfaßt das innere Wesen der Erscheinung. Das Allgemeine, das vom Begriff widergespiegelt wird, existiert dabei objektiv in den einzelnen Erscheinungen. Darin besteht ja gerade die Besonderheit, daß mit einem Begriff eine große Vielfalt von Erscheinungen erfaßt wird.

Ebenso, wie die Begriffsbildung das Ergebnis eines langwierigen Erkenntnisprozesses, das Resultat eines gründlichen Studiums des Gleichen, Allgemeinen in den verschiedenen Erscheinungen ist, erfaßt der Begriff zugleich das Wesentliche der Erscheinungen vieler konkreter Dinge, deckt er die wesentlichsten Zusammenhänge auf und klärt seine eigene Bedeutung und Stellung in der Wirklichkeit. Verlangen, daß der Begriff „industrieller Minimalgehalt" den konkreten Gehaltswert für eine beliebige Lagerstätte oder ihren Teil zum Ausdruck bringen soll, ist gleichbedeutend mit der Forderung, daß z. B. der Begriff „Geld" mir sagt, wie hoch der Geldbetrag in der Brieftasche meines zufälligen Nachbarn in der Straßenbahn ist.

5. Zur Frage der einheitlichen Rohstoffbilanzen

Die Bedeutung von Bilanzen der bei uns verfügbaren Rohstoffe ist für die volkswirtschaftliche Planung und Produktionserweiterung von immenser Bedeutung.

Bilanzen eines anstehenden Rohstoffes müssen zweifellos auf einer einheitlichen Basis aufbauen, es muß festgestellt werden, was man in die Rohstoffbilanzen aufnimmt. Wie erhält man einheitliche Bilanzen? Hierzu liegen mehrere Vorschläge vor. Hier seien nur zwei diskutiert:

1. Vorschlag. Indem man all das zusammenzählt, was einer einheitlichen Forderung (einer bestimmten Kondition, jedoch nicht einheitlichen natürlichen Grenzwerten, da sich diese gegenseitig beeinflussen) unter Zugrundelegung der modernen Technik entspricht.

2. Vorschlag. Indem man all das zusammenzählt, was den derzeitigen konkreten Anforderungen (eines Industriezweiges, einer speziellen — z. B. veralteten — Anlage oder dem Weltniveau) entspricht.

Der erste Vorschlag geht von einer technisch-ökonomischen Analyse des derzeitigen Produktionsniveaus aus und berücksichtigt den internationalen technischen Fortschritt, um zu sagen: Das alles wäre gewinnbar bei entsprechender Rekonstruktion der Anlage bzw. Änderung der Technologie. (Dabei ist vorgesehen, von dieser Menge den tatsächlichen genutzten Anteil auszusondern und anzugeben.)

Der zweite Vorschlag geht von der bestehenden Situation aus — berücksichtigt den internationalen technischen Fortschritt nur dann, wenn neue Anlagen auf der Basis neuentdeckter Lagerstätten errichtet werden müssen — und sagt, das alles ist „gewinnbar", wobei „gewinnbar" hier nicht die Möglichkeit der Gewinnung, sondern die tatsächliche Gewinnung erfaßt.

Welcher Vorschlag ist richtig? Hier hilft wiederum die marxistische Dialektik mit ihrer Forderung der Einheit von Theorie und Praxis. Jede neue praktische Aufgabe des sozialistischen Aufbaus in der DDR stellt in der

Regel theoretische Fragen. Das Ziel der wissenschaftlichen Erkenntnis ist die Unterstützung der Praxis. Die Theorie erhält ihre Impulse aus der gesellschaftlichen Praxis. Die Praxis ihrerseits ist der Prüfstein für die Richtigkeit der Theorie.

Wozu werden überhaupt Bilanzen benötigt? Offensichtlich dazu, um die Entwicklung der Wirtschaft zu planen. Dazu muß man wissen, über welche Rohstoffreserven die Wirtschaft verfügt. Zu den Rohstoffreserven gehören noch nicht genutzte Lagerstätten, ebenso wie gut, schlecht oder mangelhaft genutzte. Die Registrierung nur dessen, was heute genutzt wird, erfaßt selbstverständlich nicht die tatsächlichen Reserven. Eine Registrierung der derzeit gewonnenen Vorräte bzw. auf Grund der vorhandenen betrieblichen Situation als „gewinnbar" bezeichneten Vorräte sondert aus den tatsächlich gewinnbaren Vorräten (d. h. den Rohstoffreserven) nur den Teil der heute genutzten aus. Bei einer solchen Einengung der Bilanzvorräte fehlt selbst für die einfachen Überlegungen einer etwa sinnvollen Rekonstruktion der bestehenden Anlage jede Grundlage.

Es ist lehrreich, die methodologischen Fehler aufzuspüren, die zu dieser falschen Schlußfolgerung führten. Letztlich geht sie auf die Tatsache zurück, daß seit etwa drei Jahren in der Sowjetunion ein solcher Reichtum an erkundeten Lagerstätten erreicht wurde, daß die Frage nach der Auswahl der ökonomisch günstigsten, der rentabelsten akut wurde. Die Aufgabe der geologischen Erkunder in der UdSSR besteht in dieser Situation nicht mehr darin, allgemeinbauwürdige Rohstoffe für weitere 50 oder 100 Jahre, sondern reichere, ökonomisch günstigere, vorteilhafter gelegene usw. zu finden. Das führte dazu, daß in der neuen sowjetischen Klassifikation das Kriterium der Eignung zu einer Nutzung — de facto — durch die Rentabilität, die Zweckmäßigkeit der Nutzung ersetzt wurde.

Jeder Wissenschaftler hat natürlich das Recht, für ein bestimmtes Objekt aufgestellte Thesen auf andere Objekte zu übertragen. Das ist durchaus zulässig, jedoch unter der Voraussetzung, daß die Berechtigung einer solchen Übertragung nachgewiesen wird. Es ist nachzuweisen, daß die gleichen Voraussetzungen gegeben sind. Ist das nicht möglich, kann eine Theorie oder können Thesen nicht unverändert übernommen werden.

Haben wir in der DDR einen solchen Lagerstättenreichtum wie in der Sowjetunion? Von Braunkohle und Kali abgesehen — nicht. Wir sind gezwungen, bei den meisten Rohstoffen heute noch nach den gleichen Prinzipien zu arbeiten, wie es in der Sowjetunion bis vor etwa drei Jahren geschah. Daher kann auch das Prinzip der UdSSR als generelle These nicht ohne weiteres übernommen werden. Erinnern wir uns an die Äußerung LENINS:

> „Der ganze Geist des Marxismus, sein ganzes System verlangt, daß jede These nur (a) historisch, (b) nur im Zusammenhang mit anderen, (c) nur im Zusammenhang mit den konkreten Erfahrungen der Geschichte betrachtet wird."

Wir gehen davon aus, daß die Wahrheit immer konkret ist. Das bedeutet, daß die Wissenschaft einen Fakt stets unter bestimmten Bedingungen, die abhängig von Ort und Zeit sind, widerspiegelt. Wird das Prinzip der konkreten Wahrheit nicht beachtet, wird eine wissenschaftliche These auf solche Objekte ausgedehnt, die sie nicht widerspiegelt, so führt dies zwangsläufig zu groben Fehlern. Die konkrete Analyse der Wirklichkeit als eine der wesentlichsten Forderungen der dialektischen Methode wird damit nochmals unterstrichen.

6. Möglichkeit und Realisierung der Möglichkeit

Bei der Untersuchung der ökonomischen Bewertung von Lagerstätten und vorher — beim Studium methodischer Fragen im Zusammenhang mit der Festlegung von Konditionen — ergab sich die Notwendigkeit, zu unterscheiden zwischen den Möglichkeiten, welche die Lagerstätte für eine Nutzung bietet, und der Realisierung dieser Möglichkeiten durch die Nutzung selbst. Diese Unterscheidung und ihre Betonung wurde von einzelnen Geologen nicht nur kritisiert, sondern auch als unzulässig und falsch angegriffen. Die Ursache für solche Meinungen ist offensichtlich ebenfalls in mangelnder Vertrautheit mit der materialistischen Dialektik zu suchen.

Die erwähnte Problematik hat engste Berührungspunkte mit dem philosophischen Problem der Möglichkeit und Wirklichkeit, wobei die Wirklichkeit als realisierte Möglichkeit zu betrachten ist. Die Möglichkeit kann in die Wirklichkeit übergehen. Das ist richtig und sogar häufig. Dennoch müssen sie unterschieden und exakt auseinandergehalten werden. Wer das Mögliche für das Wirkliche hält, betrügt sich selbst und kann andere in die Irre führen.

Im Unterschied zu den Subjektivisten, nach denen „alles möglich ist", stützen wir uns auf die reale Möglichkeit, die sich aus den real existierenden Bedingungen und Gesetzmäßigkeiten ergibt. Bei der Erkundung einer Lagerstätte stellt der Geologe Vorräte an nutzbaren Mineralen fest. Nach Abschluß der Erkundung kann er prüfen, ob die erkundete Lagerstätte die objektiven Möglichkeiten zu einer Nutzung bietet. Wenn dies bejaht wird, bezeichnet er die festgestellten Vorräte als Bilanzvorräte.

Der Geologe kann die Möglichkeit zu einer Nutzung eindeutig beweisen. Ob diese Möglichkeit jedoch von der sozialistischen Wirtschaft realisiert wird, hängt von vielerlei Faktoren ab: entscheidend ist unter diesen, ob die Lagerstätte gegenwärtig und wie dringend gebraucht wird. Ist die Bedeutung der Lagerstätte — im gegenwärtigen Zeitpunkt — für die Volkswirtschaft gering, so wird meist entschieden, daß sie zunächst nicht genutzt wird. In einem solchen Falle wird die Möglichkeit gegenwärtig nicht zur Wirklichkeit.

Werden durch diese Entscheidung die objektiv vorhandenen Eigenschaften und Verhältnisse der Lagerstätte verändert? Die Möglichkeit einer Nutzung bleibt nach wie vor erhalten, sie verschwindet auch nicht, wenn die Lagerstätte in die Staatsreserve übergeht. Kann das dazu führen, daß sich die Bilanzvorräte — die diese Möglichkeit der Nutzung zum Ausdruck bringen — etwa in Außerbilanzvorräte verwandeln? Keineswegs. Die Möglichkeit der Lagerstätte zu einer Nutzung trägt notwendigen Charakter, sie realisiert sich früher oder später ganz gewiß, dann nämlich, wenn die Voraussetzung für die Realisierung herangereift ist.

„Eine nüchterne, objektive Analyse der Erscheinungen der Wirklichkeit und die Entdeckung aller zur Realisierung von Möglichkeiten erforderlichen Bedingungen sind die wichtigsten Elemente einer dialektischen, wissenschaftlichen Analyse der Erscheinungen." (Grundlagen der marxistischen Philosophie, 1959.)

Zusammenfassung

Am Beispiel einiger gegenwärtig diskutierten Begriffe und Probleme der Lagerstättenkunde wurde gezeigt, daß richtige Entscheidungen nur gefunden werden können, wenn die marxistische Dialektik fester Bestandteil des wissenschaftlichen Rüstzeuges der Erkundungsgeologen geworden ist.

Ausgezeichnete Spezialarbeiten — Lehrbücher, die Werke der Klassiker, philosophische Fachzeitschriften usw. — stehen unseren Geologen zur Qualifizierung auf diesem Gebiet zur Verfügung. (Die philosophische Pflichtprüfung des Promotionsverfahrens entspricht einem echten Bedürfnis.) Notwendig ist unter den Geologen die Verbreitung der Einsicht, daß philosophische Kenntnisse kein „edles Beiwerk" oder gar „eine überflüssige Belastung" des Naturwissenschaftlers sind, sondern daß erfolgreiche wissenschaftliche und praktische Arbeiten einen wissenschaftlichen Arbeitsstil voraussetzen, der nur materialistisch und dialektisch sein kann.

Резюме

На примере некоторых обсуждаемых в настоящее время понятий и проблем учения о месторождениях полезных ископаемых показано, что правильные решения возможны только в том случае, если марксистская диалектика стала прочной составной частью научного оружия геолога-разведчика.

С целью квалификации в этой области наши геологи могут пользоваться выдающимися специальными трудами. Необходимо распространять среди геологов понимание о том, что философские знания не являются „благородной добавкой" или даже „излишней нагрузкой" естествоиспытателя; предпосылкой для успешных научных и практических работ является такой стиль работы, который может быть только материалистическим и диалектическим.

Summary

Some terms and problems of the geology of mineral deposits presently under discussion are given to illustrate the fact that correct decisions can only be found when Marxian dialectics has become a firm part of the reconnaissance geologist's scientific equipment.

In this field special works of admitted excellence, e. g. textbooks, works of the classics, philosophical journals, etc., are available for qualifying our geologists. (Examination in philosophy to obtain an academic degree meets a real want.) It is necessary to induce geologists to understand that philosophical knowledge does not mean "noble accessories" or even "a useless burden" of the scientist, and to learn that successfull scientific and practical works imply a scientific style of work, which can only be based on materialism and dialectics.

Literatur

BIERNACKI, W.: Ein Versuch, Grundsätze für die Bewertung von Lagerstätten mineralischer Rohstoffe festzulegen. — Przeglad geologiczny, H. 4, 1959 (polnisch).

KAUTER, K.: Dialektik — Grundlage moderner Geologie. — Z. angew. Geol., 5, S. 151—152 (1959).

LENIN, W. I.: Werke, Bd. 35 (russisch).

POSHARIZKIJ, K. L.: Die Grundlagen der Bewertung von Lagerstätten nutzbarer Bodenschätze und Bergwerken. — Gornij journal, H. 9, 1957 (russisch).

STAMMBERGER, F.: Einführung in die Berechnung von Lagerstättenvorräten fester mineralischer Rohstoffe. — Akademie-Verlag, Berlin 1956.

— Zu einigen Grundfragen der Klassifikation von Mineralvorräten. — Freib. Forsch.-H., C 54 (1958).

— Zur Festlegung der Konditionen für mineralische Rohstoffe (Der Standpunkt einiger sowjetischer Autoren). — Z. angew. Geol., 6, S. 215—221 (1960).

WEGERT, F.: Zur Frage der Dialektik in der Geologie. — Z. angew. Geol., 5, S. 362—363 (1959).

Grundlagen der marxistischen Philosophie. — Dietz Verlag, Berlin 1959.

Zur Methodik des Aufsuchens und der Erkundung von Erdöl- und Erdgaslagerstätten[1]

N. I. BUJALOW, Moskau

In der Allunionsberatung, die vom 19. bis 24. Dezember 1960 vom Ministerium für Geologie und Lagerstättenschutz der UdSSR gemeinsam mit dem Staatlichen Wissenschaftlich-Technischen Komitee beim Ministerrat der UdSSR und der Allunions-Wissenschaftlich-Technischen Abteilung für Bergbau in Moskau einberufen wurde und sich mit den Problemen der Methodik der geologischen Such- und Erkundungsarbeiten befaßte, wurde für die nächsten Jahre das im folgenden dargelegte Schema für die Durchführung der geologischen Such- und Erkundungsarbeiten auf Erdöl und Erdgas empfohlen (s. Tab.):

a) regionale geologisch-geophysikalische Untersuchungen und Bohrarbeiten (Vorprospektion) zur genaueren Berechnung prognostischer Öl- und Gasvorräte, zur Ermittlung der reichsten Gebiete von Öl- und Gasakkumulationen;

b) geologisch-geophysikalische Sucharbeiten und Bohrarbeiten (oder eingehende Sucharbeiten) zur Vorbereitung aussichtsreicher Strukturen und Felder für das Ansetzen von tiefen Erkundungsbohrungen und für den Nachweis von Öl- und Gasvorräten der Klasse C_2;

c) Vorerkundung zur begründeten Einschätzung der industriellen Bedeutung der Lagerstätten und Vorbereitung von Öl- und Gasvorräten der Klasse C_1 und z. T. B;

d) eingehende Erkundung der bei der Vorerkundung als wertvoll für die industrielle Nutzung erkannten Lagerstätten zum Nachweis von Vorräten der Klassen A und B.

Diese Gliederung der Such- und Erkundungsarbeiten gilt für alle mineralischen Rohstoffe, jedoch weisen die Erdöl- und Erdgaslagerstätten zahlreiche spezifische Merkmale gegenüber den Lagerstätten fester mineralischer Rohstoffe auf.

I. Das Aufsuchen von Erdöl- und Erdgaslagerstätten

Vorprospektion (regionale geologisch-geophysikalische Untersuchungen und Bohrarbeiten)

Die Vorprospektion erfolgt in Territorien, die nach allgemeinen geologischen Erwägungen in Analogie zu benachbarten Regionen öl- und gashöffig sind. Dem Wesen nach gehören hierzu alle Gebiete, mit Ausnahme der Bereiche, in denen kristalline oder metamorphe Gesteine anstehen, sowie die zentralen Zonen gefalteter Gebiete. Stärkste Beachtung verdienen die Antiklinalen (darunter auch verdeckte) auf Tafeln, die randlichen Teile von Tafelsenken und die Außenzonen der Vortiefen.

Die wichtigste Aufgabe der Vorprospektion besteht in der Ermittlung der grundlegenden Gesetzmäßigkeiten des geologischen Baus und der Aussichten der Öl- und Gasführung sowie der gleichzeitigen allgemeinen Einschätzung der einzelnen Gebiete und stratigraphischen Komplexe.

In diesem Stadium werden neben den thematischen Arbeiten vorwiegend komplexe regionale geologische und geophysikalische Untersuchungen durchgeführt. Mit Hilfe profilmäßig angesetzter Basis- und Parameterbohrungen erfolgt die Bestimmung der allgemeinen tektonischen Gliederung des Territoriums, die unge-

[1]) Deutsche Übersetzung des Originalbeitrages: W. OESTREICH

fähre Abgrenzung scheitel- und wallartiger Hebungen (Strukturen 1. und 2. Ordnung), die Ermittlung der Typen der in den entsprechenden Gebieten verbreiteten lokalen Strukturformen. Die geochemischen und hydrogeologischen Verfahren werden hauptsächlich angesetzt, um im Untersuchungsgebiet die Perspektiven der Öl- und Gasführung des zu untersuchenden Gebiets vorläufig einschätzen zu können.

Eingehende Sucharbeiten (geologisch-geophysikalische Sucharbeiten sowie Bohrarbeiten)

Das Stadium der eingehenden Sucharbeiten ist das wichtigste Stadium der Sucharbeiten, da von der richtigen Wahl des Objekts für die geologische Vorbereitung letztlich die Entdeckung einer Öl- und Gaslagerstätte abhängt.

Die Grundlage für die eingehenden Sucharbeiten, d. h. für die Auswahl der einzusetzenden Verfahren und der Festlegung der Methodik, bilden die in der Vorprospektion erhaltenen Ergebnisse.

Die eingehenden Sucharbeiten setzen sich zusammen aus:

a) Untersuchung der einzelnen Gebiete innerhalb der Zone einer möglichen Erdöl- und Erdgasakkumulation;

b) Ermittlung der räumlichen Anlage der verschiedenen Strukturformen der stratigraphischen Komplexe und ihrer Bildungsgeschichte;

c) Untersuchung stratigraphischer Profile und möglicherweise Nachweis erdölführender Folgen;

d) Untersuchung der lokalen Strukturen, Auswahl und Vorbereitung der höffigsten für die Suchbohrungen und die Erkundung;

e) Auswahl und Begründung der Ansatzpunkte für die Such- und Erkundungsbohrungen.

Eine Einschätzung der Ergebnisse der eingehenden Sucharbeiten ist durch die Zahl der zur Erkundung und Vorratsberechnung (Klasse C_2) vorbereiteten Felder gegeben.

II. Die Erkundung von Öl- und Gaslagern

Die Erkundung umfaßt folgende Arbeiten:

a) Erkundung der Struktur bzw. Lagerstätte, Auffinden eines Öl- oder Gaslagers oder einer Gruppe von Öl- und Gaslagern, Ermittlung der Lagerungsverhältnisse von Öl und Gas mit unterschiedlichem Genauigkeitsgrad, Bestimmung der quantitativen Charakteristik;

b) Gewinnung von Werten für die Einschätzung des Lagers und seiner Rentabilität, ferner für die Ausarbeitung eines rationellen Abbauprojekts.

Verlaufen die Erkundungsarbeiten negativ, so ist die Einstellung der weiteren Erkundung zu begründen und das Feld aus der Zahl der aussichtsreichen Objekte zu streichen.

Vorerkundung

Im Stadium der Vorerkundung sind folgende Aufgaben zu lösen: Nachweis von Erdöl- und Erdgaslagern; Ermittlung konkreter Daten über Qualität, Menge und Lagerungsverhältnisse; Bestimmung der erforderlichen physikalischen Lagerstättenparameter zur Berechnung von Öl- und Gasvorräten der Klassen C_1 und B; Begründung der Zweckmäßigkeit weiterer eingehender Arbeiten; beim Fehlen eines Lagers Begründung der negativen Einschätzung des Feldes.

Zur Erreichung der höchsten Effektivität wird die Vorerkundung nur auf den durch die Sucharbeiten gut vorbereiteten Feldern angesetzt. Die die Erkundungsarbeiten durchführende Organisation muß ein Erkundungsprojekt aufstellen, in das alle geologisch-geophysikalischen Untersuchungen und alle Bohrarbeiten aufgenommen werden, die für die Bestimmung der Perspektiven der Erdöl- und Erdgasführung und für die Berechnung der Vorräte der industriellen Klassen (C_1, ferner B) erforderlich sind.

Da für die Bohrarbeiten eine geologische und physikalische Charakteristik des gesamten Profils der sedimentären Folge eines gegebenen Feldes wichtig ist, muß eine der ersten Suchbohrungen bis zum kristallinen Untergrund (Basis der Erkundung) projektiert werden, wenn dieser in verhältnismäßig geringen Tiefen (bis 3000 bis 3500 m) liegt. Der untere Teil der sedimentären Folge (unter dem möglicherweise wichtigsten produktiven Horizont) ist in bezug auf Öl und Gas interessant. Die Teufe der Bohrung wird gegebenenfalls beschränkt, um das Tempo der Erkundungsarbeiten nicht zu bremsen und die Beantwortung der Frage, ob das Hauptsuchobjekt produktiv ist, nicht zu verzögern. Wenn dieses Objekt in unmittelbarer Nähe des kristallinen Untergrundes liegt, muß dieser ohne Rücksicht auf seine Lagerungsteufe, wenn das technisch möglich und ökonomisch gerechtfertigt ist, erbohrt werden.

Die wichtigste Aufgabe, die bei der Vorerkundung gestellt wird, besteht darin, daß, wenn mehrere produktive Schichten auf einer Lagerstätte vorhanden sind, nach Möglichkeit alle höffigen Objekte untersucht werden.

Eingehende (industrielle) Erkundung

Die Aufgaben der eingehenden Erkundung bestehen in folgendem:

1. Ermittlung der allgemeinen Gesetzmäßigkeiten, die die Veränderung der Menge, der Qualität und der Lagerungsverhältnisse von Öl und Gas innerhalb der Lagerstätte regieren;

2. Bestimmung der räumlichen Lage der Grenze der Öl- und Gasführung der einzelnen Lager sowie Ermittlung der Ausgangsdaten für die industrielle Einschätzung jedes Lagers nach den Klassen B und A;

3. Vorbereitung der Lagerstätte zur Gewinnung und Begründung der Gewinnungssysteme für die einzelnen Lager und für die gesamte Lagerstätte.

Im Verlauf der eingehenden Erkundung werden für die Berechnung der Erdöl- und Erdgasvorräte der Klassen B und A und für die Ausarbeitung des Projektes für die Gewinnung folgende Arbeiten durchgeführt:

a) geologische und lithologische Charakterisierung der produktiven Horizonte sowie der unmittelbar darüber und darunter befindlichen Schichten;

b) Anfertigung von Strukturkarten des Hangenden und Liegenden der einzelnen produktiven Horizonte; ferner von Strukturkarten verschiedener stratigraphischer Niveaus, um die Mächtigkeitsveränderungen der produktiven Teile der Lagerstätten zu ermitteln, die Lagerungsverhältnisse der einzelnen Strukturstockwerke festzustellen und die paläostrukturellen Verhältnisse zu klären;

c) Umgrenzung der einzelnen Hauptlager, Feststellung ihrer geometrischen Form, Bestimmung der Werte der die Lager und die Nebengesteine kennzeichnenden physikalisch-chemischen Parameter;

d) allseitige Untersuchung der Bohrungen, die Erdöl, Erdgas oder Wasser angetroffen haben, um das Regime der Lager zu ermitteln und Angaben über die Dynamik der Schichtwässer zu erhalten.

Außerordentlich wichtig und kompliziert ist die Beantwortung der Frage, mit welcher Mindestzahl von Bohrungen ein Erdöl- oder Erdgaslager erkundet und umgrenzt werden kann.

Gliederung des Such- und Erkundungsprozesses

Etappen	Stadien	Hauptaufgaben der Arbeiten und Objekte der Untersuchungen	Formen und Methoden der Arbeiten	Ergebnisse
	Vorprospektion (regionale geologische, geophysikalische und Bohrarbeiten)	Ermittlung der allgemeinen Bedingungen für eine mögliche Öl- und Gasführung großer Territorien; Ermittlung der geotektonischen Bedingungen für die Sedimentakkumulation durch Untersuchung der Profile; Klärung der Hauptelemente der regionalen Tektonik zur Ausscheidung höffiger Gebiete für eingehende Sucharbeiten	Geologische Kartierung im Maßstab 1:500000 und 1:200000; regionale geophysikalische Aufnahmen (Gravimetrie, Magnetik, Elektrik, seismische Tiefenprofilierung u. a.); geochemische, hydrogeologische und radiometrische Untersuchungen; Basisbohrungen	Berechnung prognostischer Öl- und Gasvorräte (Klasse D)
Sucharbeiten	eingehende Sucharbeiten	Untersuchung einzelner Gebiete innerhalb Zonen einer möglichen Öl- und Gasakkumulation zur Bestimmung der räumlichen Lage der verschiedenen Strukturformen und ihrer Bildungsgeschichte; Untersuchung der stratigraphischen Profile und Feststellung möglicherweise öl- und gasführender Folgen in diesen Profilen; Untersuchung lokaler Strukturen und Auswahl der wichtigsten und höffigsten für die Erkundung; Wahl und Begründung der Ansatzpunkte für Such- und Erkundungsbohrungen	Geologische und strukturgeologische Kartierung im Maßstab 1:100000, 1:50000 und größermaßstäblich (einschließlich aerogeologischer, geomorphologischer u. a. Untersuchungen) bei Niederbringen von Kartierungs- und Strukturbohrungen; geophysikalische Aufnahmen (Seismik, Elektrik, Gravimetrie, Radiometrie) in Kombination mit Parameterbohrungen; Profilbohrungen; geochemische Untersuchungen	Einschätzung der Aussichten der einzelnen Strukturen und Berechnung von Öl- und Gasvorräten der Klasse C_2
Sucharbeiten	Vorerkundung	Untersuchung des lithologisch-stratigraphischen Profils der Schichten (bis zur Hauptbasis der Erkundung) der einzelnen lokalen Strukturen; Ermittlung der Objekte mit industrieller Öl- und Gasführung mit nachfolgendem Test; Untersuchung der wichtigsten tektonischen Elemente und der Lagerungsverhältnisse der gas- und ölführenden Folgen innerhalb der Erdöl- oder Gaslagerstätte; beim Fehlen von Öl- und Gasanzeichen im Profil der aufgeschlossenen Schichten ist die negative Einschätzung des zu untersuchenden Feldes zu begründen	Niederbringen von Erkundungs- und Suchbohrungen; Test der wichtigsten öl- und gasführenden Schichten unter Verwendung wasserabsperrender Rohrtouren; Test aller aufgeschlossenen Schichten mit Hilfe des Gestängetesters während des Niederbringens der Bohrungen	Vorläufige Einschätzung der industriellen Lagerstätte und Berechnung der Öl- und Gasvorräte der Klasse C_1 und z. T. B
Erkundung	eingehende (industrielle) Erkundung	Ermittlung der allgemeinen Gesetzmäßigkeiten hinsichtlich der Veränderung von Menge, Qualität und Lagerungsverhältnissen der Öl- und Gaslager innerhalb der Lagerstätte; Bestimmung der räumlichen Lage der Grenze der Gas- und Ölführung der einzelnen Lager; Bestimmung der Ausgangsdaten für die industrielle Einschätzung der Perspektiven jedes Lagers; Vorbereitung der Lagerstätte zur Gewinnung und Begründung des Systems der Gewinnung für die wichtigsten einzelnen Lager und die Lagerstätte im ganzen	Niederbringen von Erkundungs- und Erweiterungsbohrungen und Untersuchung dieser Bohrungen auf Wasser-, Öl- und Gaszuflüsse	Industrielle Einschätzung der einzelnen Lager und der gesamten Lagerstätte; Berechnung der Öl- und Gasvorräte in den Klassen B und A
Erkundung	betriebliche Erkundung	Gewinnung eingehender Angaben über den geologischen Bau der gesamten Lagerstätte und jedes tektonischen Blocks oder Bereiches im einzelnen bezüglich der geologischen Verhältnisse, des Regimes und der Grenzen der Öl-Wasser-Führung und der Öl-Gas-Führung aller Lager der Lagerstätte und der einzelnen Blöcke oder Felder für die Verwirklichung des vorgeschlagenen und präzisierten Systems für die Gewinnung der Lagerstätte	Niederbringen von Einschätzungsbohrungen mit anschließendem Test der zu Ende erkundeten und umgenzten Öl- und Gaslager der im Abbau befindlichen Lagerstätte	Präzisierung und Detaillierung der industriellen Einschätzung der Öl- und Gasvorräte für die einzelnen Lager, Blöcke und Bereiche; Vorratsberechnung für die Klasse A

Bei der Festlegung der Bohrlochabstände sind folgende Faktoren zu berücksichtigen:

a) der Charakter des Profils der produktiven Folge der Lagerstätte;
b) Tiefe und Ausdehnung der in einem gegebenen Gebiet auftretenden Erdöllager;
c) die Mächtigkeit des ölführenden Horizonts und der Einfallswinkel der Schichten.

Bei der Erkundung von Gaslagerstätten läßt sich in vielen Fällen das Stadium der Vorerkundung nicht scharf vom Stadium der eingehenden Erkundung trennen. Das Wesen der gegenwärtig vorgeschlagenen Methode der eingehenden Erkundung besteht darin, daß die ersten Such- und Erkundungsbohrungen in den höchsten Teilen der Strukturen angesetzt werden („Über die rationelle Methodik usw.", 1959). Wenn die Such- und Erkundungsbohrungen das Erdgaslager oder das Erdöl-/Erdgaslager angetroffen haben, werden zur Bestimmung der Lage des Gas-Wasser-Kontakts der Gaslager und der Lage des Gas-Öl-Kontakts der Erdöl-/Gaslager Erweiterungsbohrungen niedergebracht. Zur Festlegung des Umrisses von Gaslagern genügt es praktisch, in einer Bohrung den Lagerstättendruck des Gases zu bestimmen und in zwei bis drei Bohrungen außerhalb des Gaslagers Werte über den Druck der Lagerstättenwässer zu ermitteln. Für die Vorbereitung des Gaslagers zur Gewinnung (wenn die Form der Strukturen, die Eigenschaften der Speichergesteine und deren Aushalten bekannt sind) genügt in manchen Fällen eine geringe Zahl von Bohrungen, die auf zwei sich kreuzenden Profilen oder auch nur auf einem niedergebracht werden.

Betriebliche Erkundung

Aufgaben der betrieblichen Erkundung:

a) Gewinnung detaillierter Angaben über den geologischen Bau der gesamten Lagerstätte, aller Lager und jedes tektonischen Blockes oder Bereiches im einzelnen;

b) Ermittlung des Erdöl-Wasser-Regimes, der Erdöl-Wasser-Grenze und der Erdöl- und Erdgasführung aller Lager der Lagerstätte und der einzelnen Blöcke oder Felder für die praktische Verwirklichung des Gewinnungssystems.

Langjährige Erfahrungen haben gezeigt, daß man infolge des Mangels zuverlässiger, die Parameter der Schicht kennzeichnender Werte bei mittleren und großen Erdöllagern die Gewinnung in zwei Stadien projektieren muß. Zunächst wird ein „vorläufiges Schema der Gewinnung" angefertigt, dann folgt das „Generalprojekt für die Gewinnung".

Die Grundlage für das vorläufige Gewinnungsschema kann die gleiche Anzahl von Erkundungsbohrungen bilden, nach der die Berechnung der Erdölvorräte erfolgt. Das Generalprojekt für die Gewinnung kann erst nach einer gewissen Zeit und unter Zugrundelegung einer großen Anzahl von Bohrungen ausgearbeitet werden.

Zusammenfassung

Verf. beschreibt die im Dezember 1960 in einer Allunionsberatung in Moskau für die nächsten Jahre empfohlene Methodik für die Durchführung der geologischen Such- und Erkundungsarbeiten auf Erdöl und Erdgas.

Резюме

Автор описывает рекомендованную на всесоюзном совещании в декабре 1960 г. в Москве методику проведения геологических поисково-разведочных работ на нефть и газ.

Summary

The author describes the methodology of carrying out geological prospecting and reconnaissance works for petroleum and natural gas recommended by an All-Union Conference held at Moscow in December 1960.

Literatur

BUJALOW, N. I. & P. P. SABARINSKI: Aufsuchen und Erkunden von Öl- und Gaslagerstätten. — Gostoptechisdat, 1961.

LEWIZKI, P. I.: Die Ergebnisse der geologischen Erkundungsarbeiten auf Öl und Gas in der UdSSR im Jahre 1960 und die Aufgaben im Jahre 1961. — Geologija nefti i gasa, Nr. 2, 1961.

Über die rationelle Methodik der Erkundung von Gaslagerstätten. — Zusammenfassender Bericht der Vorläufigen Kommission des Staatlichen Wissenschaftlich-Technischen Komitees der UdSSR zur Erarbeitung von Maßnahmen im Zusammenhang mit der Anwendung einer rationellen Methodik zur Gewinnung von Gaslagerstätten. — Gostoptechisdat, 1959.

Die Untersuchung kleiner Gehalte an Kohlenwasserstoffgasen in Gesteinen[1]

(Methodik der Mikrogasometrie von Bohrkernen)

E. M. GELLER, UdSSR

Die Beachtung und Untersuchung von schwachen Gasanzeichen, die bei gewöhnlicher Gaskarottage von Bohrungen unbemerkt bleiben, hat eine wesentliche Bedeutung beim Aufsuchen von Erdöl und Erdgas, aber auch bei der Lösung von Fragen ihrer Genese.

Von elf untersuchten Feldern im Saratow—Wolga-Gebiet enthalten insgesamt acht bereits präjurassisch angelegte Strukturen in jurassischen Tonen, in denen sie auch gebildet worden sind, 3—5 cm³/kg Kohlenwasserstoffgase. Sieben von ihnen sind abbauwürdig erdöl- und erdgasführend. In den übrigen drei unproduktiven Strukturen postpaläogenen Alters fehlen Kohlenwasserstoffanomalien. Die Konzentration ist hier nicht größer als 0,1—0,3 cm³/kg.

Vergleichende Resultate der Mikrogasometrie von Bohrkernen aus mesozoischen Ablagerungen der produktiven Grusinowkaer und unproduktiven Gusichinsker Felder sind in Abb. 1 dargestellt. Es ist bemerkenswert, daß Ansammlungen von Kohlenwasserstoffgasen auch in Juraablagerungen im Hangenden der Guselsker Struktur entdeckt worden sind, in der terrigene devonische Ablagerungen produktiv sind, während Lager in den hangenden Schichten des Paläozoikums und des Mesozoikums, das monoklinal lagert, fehlen.

Die Methode der Kernmikrogasometrie besteht in folgendem: Sofort nach dem Ziehen des Kernrohres nach einem Kernmarsch von 5—6 m entnimmt man 400 bis 500 g des für das entsprechende Intervall petrographisch charakteristischsten Gesteins in Stücken von 30—40 mm Größe, die man sofort in einem Glas unterbringt, das durch einen Kautschukpfropfen hermetisch verschlossen wird. In dem Pfropfen befindet sich ein kurzes Metallröhrchen mit einem Gummiverschluß.

Es ist nicht nötig, die Oberfläche des Kernes von der Spülung zu reinigen, da jede Verzögerung zum Verlust von Gas führt. Wenn die Spülung nicht durch Rohöl verunreinigt ist, beeinflußt sie den Gasgehalt nicht. Bei der Mikrogasometrie der Spülung überschreiten die maximalen Konzentrationen der Kohlenwasserstoffgase 1—2 cm³/l nicht. Auf der Kernoberfläche ist jedoch nicht mehr als 1 cm³ Spülung vorhanden, die nur 0,001—0,002 cm³ Gas enthält. Diese Menge liegt unter der Empfindlichkeit der Methode der Mikrogasometrie (0,01—0,03 cm³/kg).

Die verschlossene Probe läßt man zwei bis drei Tage stehen. Dann wird, ohne die Probe zu erwärmen, die Luft abgesaugt. Zum Spülen wird noch einmal reine

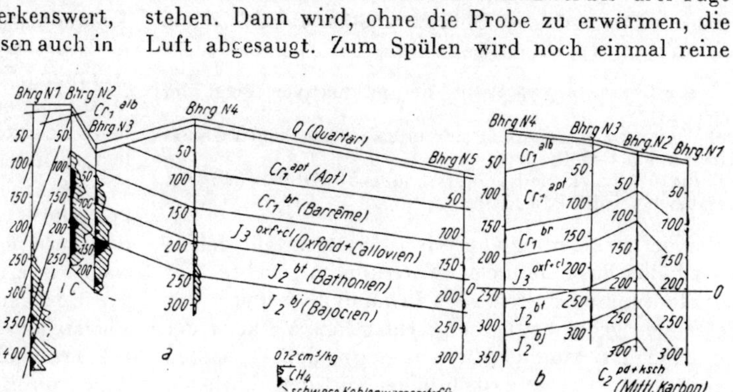

Abb. 1. Mikrogasometrie

a — Grusinowkaer Feld; b — Gusichinsker Feld

[1]) Aus: „Nowosti neftjanoi techniki", geologija, H. 3, 1960, S. 21—26. — Übers.: R. TESSIN

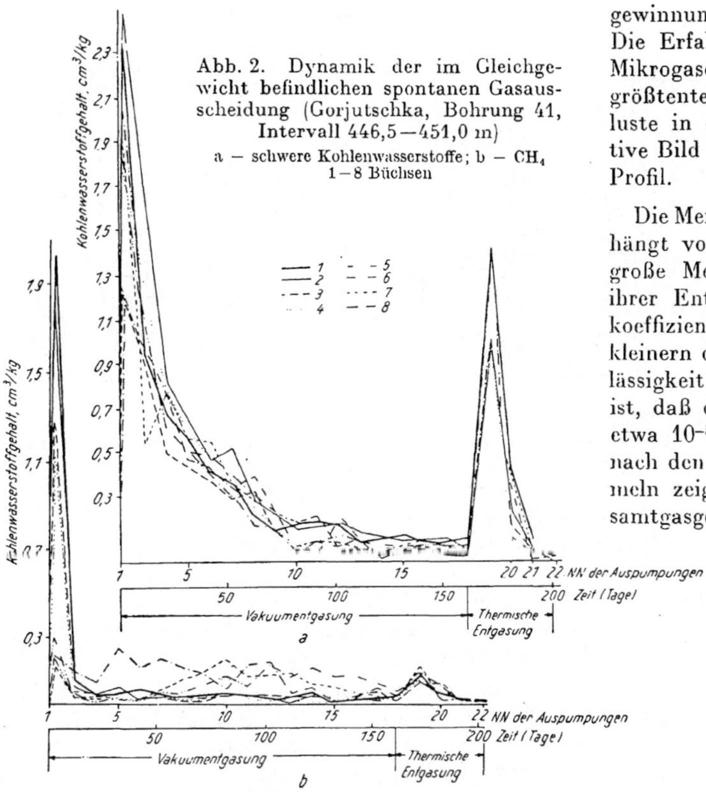

Abb. 2. Dynamik der im Gleichgewicht befindlichen spontanen Gasausscheidung (Gorjutschka, Bohrung 41, Intervall 446,5–451,0 m)
a – schwere Kohlenwasserstoffe; b – CH_4
1–8 Büchsen

Luft eingeführt, die ebenfalls abgesaugt und zusammen mit der zuerst abgesogenen Luft zur Mikroanalyse gegeben wird. Der Gehalt an brennbarer Substanz der Gasprobe beträgt zwischen $5 \cdot 10^{-5}$–$5 \cdot 10^{-3}$ %. Das macht die Anwendung der Mikroanalyse notwendig, für die das Gerät TG–5A der Konstruktion von N. M. TURKELTAUB (1958) verwendet wird, das auch bereits früher bei der Gasuntersuchung Anwendung gefunden hat. Anscheinend kann man auch das chromatographische Gerät XT–2 benutzen, das selbst registriert, mit dessen Hilfe man die Komponentenbestimmung der Kohlenwasserstoffe durchführen kann.

Betrachten wir einige Resultate der Experimente, welche die Rationalität der beschriebenen Methodik der Entnahme und die Entgasung der Kerne begründen.

Gas geht während des Kernens in der Bohrung, während des Kernziehens und bei der Probenahme vor luftdichtem Verschließen der Probe verloren. Die Verluste erster Art sind unvermeidbar, solange die Tiefenproben nicht bearbeitet sind, doch haben sie keine wesentliche Bedeutung. Das kann man daraus erkennen, daß sich die Diagramme von benachbarten Bohrungen, aber auch von Bohrungen, die unter ähnlichen tektonischen Bedingungen auf verschiedenen Strukturen stehen, sehr gut korrelieren lassen. Außerdem kann das Gas, das dem Kern während der Kerngewinnung entweicht, nur in die Tonspülung eintreten. Die Erfahrung zeigt, daß die Form der Diagramme der Mikrogasometrie des Kerns und der Dickspülung größtenteils identisch ist. Folglich entstellen die Verluste in der Bohrung nicht das prinzipielle, qualitative Bild der Verteilung der Gase in dem untersuchten Profil.

Die Menge des Gases, die in die Atmosphäre entweicht, hängt von der Durchlässigkeit des Gesteines ab. Die große Mehrheit der Gesteine besitzt im Augenblick ihrer Entnahme an der Oberfläche einen Diffusionskoeffizienten der Größenordnung 10^{-6} cm²/sec. Das Zerkleinern des Materials kann eine Erhöhung der Durchlässigkeit herbeiführen. Aber selbst wenn anzunehmen ist, daß der Diffusionskoeffizient im Durchschnitt auf etwa 10^{-5} cm²/sec ansteigt, so wie es die Berechnung nach den von P. L. ANTONOW (1958) bearbeiteten Formeln zeigt, dürften diese Verluste 5–10% vom Gesamtgasgehalt nicht übersteigen. Außerdem verringert die Anwesenheit eines Films von Tonspülung auf der Kernoberfläche den Gasschwund erheblich.

Um die Höhe der Gasverluste zu bestimmen, wurden auf zwei Feldern aus fünf Bohrungen 119 zweifache Kernproben aus jurassischen Ablagerungen entnommen. Je eine der Doppelproben wurde unmittelbar nach der Entnahme luftdicht verschlossen, während bei den zweiten, offen aufbewahrten Proben 15 Minuten nach ihrer Entnahme die Methankonzentration ermittelt wurde. Ein Vergleich der Ergebnisse beider Untersuchungsreihen zeigte im Durchschnitt bei den luftdicht verschlossenen Proben eine Methankonzentration von 1,93 cm³/kg, bei den offen aufbewahrten eine solche von 1,72 cm³/kg, d. h., sie verringerte sich um 10,7%. Die Gesamtsumme der schweren Kohlenwasserstoffe jedoch betrug entsprechend 0,51 cm³/kg und 0,47 cm³/kg, d. h., es gingen 7,5% verloren. Da sich die anomalen Konzentrationen von den Grundkonzentrationen lediglich um Zehntel unterscheiden, darf man solche Verluste als unbedeutend ansehen.

Interessant sind die Resultate von Versuchen über die Dynamik der freien Gasabsonderung bei längerer Lagerung an der Luft. Der Ton, der aus zwei Bohrabschnitten in mitteljurassischen Schichten einer der Bohrungen gewonnen wurde, wurde in Stücke von 20 bis

Gasabsonderung bei Lagerung im Freien

Probennummer	Intervall 442,0 – 446,5 m					Intervall 446,5 – 451,0 m				
	Zeitdauer der Aufbewahrung im Freien Std.–Min.	Entgasung auf der Bohrung cm³/kg		gesamter restlicher Gasgehalt cm³/kg		Zeitdauer der Aufbewahrung im Freien Std.–Min.	Entgasung auf der Bohrung cm³/kg		gesamter restlicher Gasgehalt cm³/kg	
		CH_4	schwere Kohlenwasserstoffe	CH_4	schwere Kohlenwasserstoffe		CH_4	schwere Kohlenwasserstoffe	CH_4	schwere Kohlenwasserstoffe
1	0–35	1,142	0,741	3,983	7,864	0–20	0,879	0,238	3,533	6,870
2	1–02	0,515	0,367	3,093	8,186	0–36	0,507	0,334	2,966	–
3	1–12	0,234	0,483	2,325	7,618	0–55	0,377	0,458	2,160	–
4	1–35	0,317	0,569	2,460	8,494	1–18	0,260	0,397	1,911	6,382
5	2–20	0,080	0,394	1,526	7,230	2–00	0,078	0,386	0,746	6,135
6	3–25	0,096	0,565	2,310	8,906	3–15	0,021	0,241	1,649	6,522
7	5–37	0,069	0,286	1,758	7,099	5–28	0,028	0,257	1,557	6,345
8	10–30	0,011	0,083	2,056	4,963	9–40	0,035	0,081	2,185	5,559

Anmerkung: Hier und im folgenden sind die Konzentrationen der schweren Kohlenwasserstoffe in der Gesamtmenge der Kohlensäure durch ihre Verbrennung angegeben.

30 mm Größe zerschlagen, in gleiche Teile geteilt und verschieden lange Zeit an der Luft aufbewahrt. Jede Probe wurde, unmittelbar nachdem sie luftdicht abgeschlossen worden war, wiederholt unter Laboratoriumsbedingungen, u. a. auch durch Erwärmen nach dem sichtbaren Aufhören der freien Gasabsonderung, entgast. Die Resultate dieser Versuche sind aus der Tabelle zu ersehen.

Die Ergebnisse bei Methan lagen weit höher als die bei schweren Kohlenwasserstoffen. Bei dem Restgehalt der letzteren macht sich eine Lagerung an der Luft bis zu 5,5 Stunden fast nicht bemerkbar. Ihre Konzentration nahm erst nach mehr als 10stündiger Lagerung bedeutend ab. Der Restgehalt des Methans, wie auch die Konzentration seiner ursprünglichen Anteile, sinkt schnell mit längerer Zeit der offenen Aufbewahrung. Die Abweichungen bei den einzelnen Proben hängen offensichtlich mit ihrer unvermeidlichen Ungleichartigkeit zusammen.

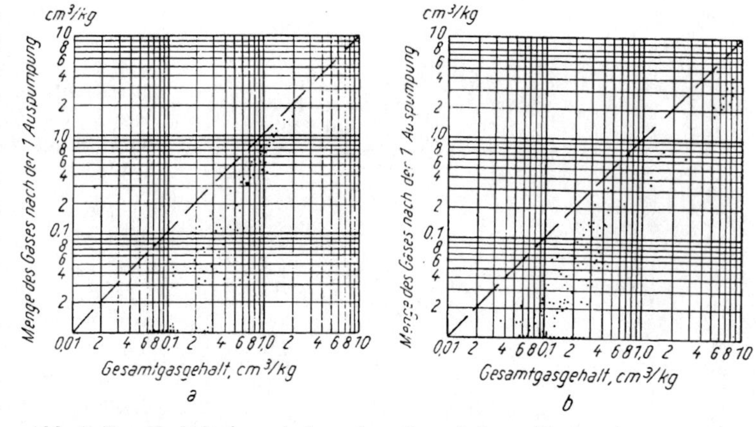

Abb. 4. Das Verhältnis zwischen dem Gasgehalt zu Beginn der ersten Auspumpung und der Gesamtmenge des Gases im Kern (spontane Gasabsonderung)

Gorjutschka, Bohrungen 37, 39, 40, 41, 42, 43:

a — Methan, b — Kohlenwasserstoffe schwerer als Methan (Summe)

Die Vakuumisierung bei der Entgasung ist im wesentlichen eine Frage der Überleitung des Gases aus dem Probenglas. In Anbetracht der Kürze dieses Prozesses ist es nicht möglich, über das Ausmaß des Gasaustrittes etwas auszusagen. Das ist aus den Resultaten der aufeinanderfolgenden Luftwaschungen ersichtlich, die sofort nach der Auswahl der Hauptprobe ausgeführt wurden. Nach den Durchschnittsergebnissen der drei Versuche betrug der Methangehalt, der sich in den Proben nach zwei- bis dreitägiger Lagerung mit 4,03 cm³/kg angesammelt hatte, in der ersten zur Durchspülung benutzten Luftmenge 0,028 cm³/kg und in der zweiten 0,017 cm³/kg. Obwohl bei allen drei Arbeitsvorgängen das Vakuum gleichzeitig hergestellt wurde, waren in der Spülluft nahezu keine brennbaren Gase enthalten. Folglich ist die von uns angewandte Methode der freien Diffusion der Gase von luftdicht abgeschlossenen Gesteinsproben in der Zeit ihrer Auswahl aus dem Probenmaterial bis zur Gasentnahme anwendbar. Sie schließt die Möglichkeit einer Verzerrung der Gaszusammensetzung, die bei hochgradiger Erwärmung unausbleiblich wäre, aus und gestattet eine Vereinfachung der Arbeiten.

Jedoch wird bei einer solchen Methode der Gasgehalt des Gesteins nicht vollständig, sondern nur teilweise bestimmt. Es ist aber wichtig, den Grad der Vollständigkeit der Gasabsonderung festzustellen.

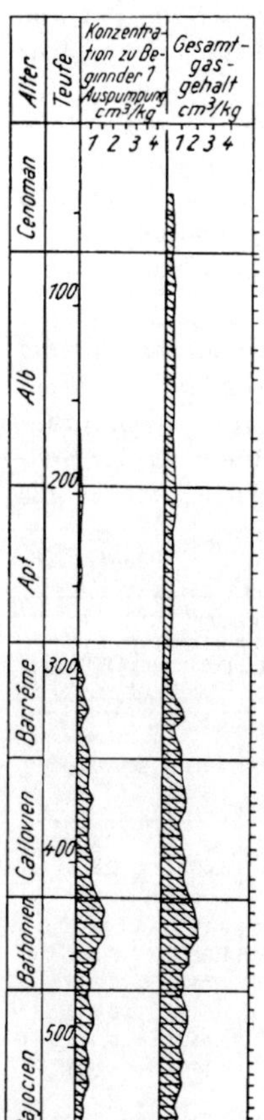

Abb. 3. Vergleichende Resultate der teilweisen und gesamten Entgasung des CH_4haltigen Kerns (Gorjutschka, Bohrung 43, 1958)

Aus den Gesteinsproben, nach denen die Angaben in der Tabelle gemacht wurden, entzog man nach der ersten Entgasung unmittelbar nach ihrer Entnahme aus dem Bohrloch im Verlauf einer Zeitspanne von 106 Tagen periodisch mit Hilfe der Kältevakuumisierung Gas, worauf in die Gefäße mit dem Gesteinsmaterial gereinigte Luft eingeführt wurde. Darauf nahm man die Entgasung durch Erwärmung im kochenden Wasserbad ohne Anwendung des Vakuums vor. Wie aus Abb. 2 ersichtlich ist, sonderte sich die Hauptmasse des Methans bei der ersten Entnahme unter Laboratoriumsbedingungen[2]) nach zweitägiger Lagerung der Probe ab. Das Methan, das während des Versuches bei der Entgasung an offener Luft verlorenging, würde sich zweifellos bei einem solchen Vorgang ermitteln lassen. Mit der Erfassung dieser Verluste kann man feststellen, daß sich 80—90% des Methans aus den von uns untersuchten jurassischen Tonen spontan während der ersten zwei bis drei Tage der Lagerung abscheiden. Für die Absonderung derselben Menge an schweren Kohlenwasserstoffen würden jedoch einige Monate erforderlich sein. Sogar nach 160tägiger Lagerung und nach 17 aufeinanderfolgenden Vakuumisierungen blieben in diesen Gesteinen noch rund 1,5 bis 2,0 cm³/kg schwere Kohlenwasserstoffe zurück, die erst nach vier aufeinanderfolgenden thermischen Entgasungen extrahiert werden konnten.

Ein so großer Unterschied in den Ausscheidungsbedingungen des Methans und der schweren Kohlenwasserstoffe kann unmöglich mit den relativ geringen Unterschieden in den Diffusionskoeffizienten und im Adsorptionsvermögen, das sich für feuchte Gesteine durch das Vorhandensein von Haftwasser stark ausgleicht, erklärt werden. Es ist möglich, daß sich das Methan unter natürlichen Bedingungen im Zustand eines Hydrats befindet, das durch die Moleküle des Gesteins adsorbiert wurde, was die nötigen Drücke bedingt. Bei einer kritischen Temperatur von 21,5° tritt

²) Die am weitesten links liegenden Punkte auf beiden Kurven beziehen sich auf die Entgasung, die auf der Bohrstelle durchgeführt worden war (siehe oben).

der exotherme Zerfall des Hydrats ein. Dadurch wird zusätzliche Energie auf die Moleküle des Methans übertragen und seine Entgasung aktiviert.

Das Verhältnis zwischen dem Gasgehalt der ersten Extraktion entsprechend der obengeschilderten Methode und dem gesamten Gasgehalt der Gesteine zeigt Abb. 3. Sowohl bei Methan wie auch bei den schweren Kohlenwasserstoffen sind diese Größen proportional. Die Streubreite der Punkte (Abb. 3) bezieht sich hauptsächlich auf den Bereich der Gasgehalte in den Grenzen der üblichen Angaben (kleiner als 0,1 cm^3/kg, nach der ersten Auspumpung).

Somit ist bei der Mikrogasometrie an Bohrkernen die Durchführung des schwierigen und langwierigen Prozesses einer vollständigen Entgasung nicht notwendig. Das ist auch aus dem Vergleich der Diagramme ersichtlich, die man aus der Bohrung Nr. 43 (Gorjutschinsker Feld) durch die übliche erste Entgasung und die Gesamtentgasung erhalten hat. Der Vergleich der Ergebnisse (Abb. 4) zeigt, besonders beim Methan, eine nahezu vollständige Konvergenz. Die Gesamtentgasung führte lediglich zum Anwachsen der Grundkonzentration des Methans.

Nach den Erfahrungen im Unterwolgagebiet muß man nämlich das Methan als Hauptmerkmal betrachten. Es verursacht sowohl die primären Anomalien, die unabhängig von den Lagerungsbedingungen jurassischer Gesteine auftreten, zu denen die steilen Flanken von Antiklinalen präjurassischer Sedimente gehören, als auch die sekundären Anomalien, die den gewölbeartigen Erhebungen nachjurassischer Ablagerungen eigen sind. Die schweren Kohlenwasserstoffe dagegen bilden hauptsächlich sekundäre Anomalien.

Die Verwendung der Bohrkern-Mikrogasometrie ist daher für Erkundungs-, Basis- und Parameterbohrungen zu empfehlen.

Zusammenfassung

Verf. beschreibt eine Methode der Mikrogasmessung an Bohrkernen. Die Messung erfolgt in mehreren einander ablösenden Extraktionen im Vakuum, gewöhnlich unter normalen Temperaturbedingungen, aber auch bei höheren Temperaturen. Der Anwendungsbereich dieser Methode wird untersucht und ihre Anwendbarkeit für eine exakte Bearbeitung von Bohrungen neben der laufend vorgenommenen Gaskarottage unterstrichen.

Резюме

Автор описывает метод микро-измерения газов на буровых кернах. Измерение производится путем нескольких следующих друг за другом экстракций в вакууме, обычно при нормальных, но и при повышенных температурах. Изучается диапазон применимости этого метода и подчеркивается его применимость, с целью точной обработки скважин, также наряду с постоянным газовым каротажем.

Summary

The author describes a method of micro gas measurement for drill cores to be carried out in several alternating extractions in the vacuum in both usually normal and higher temperatures. The scope of the method described is investigated and it is emphasized that it can be applied to an exact treatment of drillings even in addition to the current gas carottage.

Literatur

ANTONOW, P. L.: Untersuchung der Gesetzmäßigkeiten der Gasführung der Gesteinsarten nach der Teufe. — Arbeiten des WNIGNI, Folge X, 1958.

GELLER, E. M.: Hochtemperaturvakuumgeräte zur Entgasung von Gesteinsproben. — Polewaja i promüslowaja geochimija, Folge 2, 1953.

TURKELTAUB, N. M.: Chromatographische Methoden und Geräte zur Analyse von Gemischen schwerer Kohlenwasserstoffe und ihrer flüchtigen Bestandteile. — Arbeiten des WNIGNI, Folge X, 1958.

Das Verhalten von Indium in verschiedenaltrigen Lagerstätten[1)]

W. W. IWANOW, UdSSR

Die Metallgehalte in den verschiedenen Entwicklungszyklen der geologischen Geschichte lassen nach W. I. SMIRNOW (1959) die allgemeine Feststellung zu, daß „hydrothermale Lagerstätten im Archaikum fehlen, nur gering im Proterozoikum und in der kaledonischen Epoche auftreten, in der variskischen Epoche überwiegen und sich diese dominierende Rolle in der mesozoischen und alpidischen metallogenetischen Epoche fortsetzt“. Zu den hydrothermalen Lagerstätten gehören im wesentlichen die Kupfer-, polymetallischen, Antimon- und Zinnlagerstätten.

Da Indium ein natürlicher Begleiter von Zink und Zinn ist, sind in den variskischen, mesozoischen und alpidischen metallogenetischen Zyklen, die durch große Zink- und Zinnanreicherungen ausgezeichnet sind, auch Indiumkonzentrationen zu erwarten. So stellte auch N. M. PROKOPENKO (1941 a) fest, daß Indium oft in den variskischen Lagerstätten auftritt. Er war gleichzeitig der Meinung, daß ungeachtet der mangelhaften Kenntnisse von Lagerstätten der jüngeren Zyklen in verschiedenen Gebieten Indium angereichert sein müßte.

Aus den Tab. 1 und 2 ist ersichtlich, daß von den älteren zu den jüngeren metallogenetischen Zyklen die Intensität im Auftreten von Indium in den einzelnen Typen wechselt.

Die kaledonischen Lagerstätten sind durch niedrige Indiumkonzentrationen gekennzeichnet. In-Gehalte bis zu 0,001% wurden im Zinnstein hochthermaler Zinnerze und Wolframlagerstätten in mineralisierten Graniten, Pegmatiten, Greisen und Quarzgängen festgestellt. Alle untersuchten Lagerstätten sind an die Gebiete alter Schilde (Afrika, Brasilien) geknüpft. Höhere In-Gehalte, die in einigen Fällen mehrere zehntel Prozent erreichen, stellte man in kaledonischen Kies- und polymetallischen Lagerstätten von Skandinavien (G. OFTEDAL 1940) fest. Interessant ist, daß in einigen Lager-

[1)] Aus: Isw. Akad. Nauk. SSSR, Ser. Geol., Nr. 8, 1960 (etwas gekürzt). — Übers.: W. BEYER

Tab. 1. Das Auftreten von Indium und seine größten Gehalte in einigen Typen verschiedenaltriger In-haltiger Lagerstätten

Lagerstättentyp	metallogenetischer Zyklus					
	kaledonisch		variskisch		meso-känozoisch	
	Intensität des Auftretens	Gehalte in %	Intensität des Auftretens	Gehalte in %	Intensität des Auftretens	Gehalte in %
Zinnsteinhaltige Granite und Pegmatite	schwach verbreitet	< 0,001	schwach verbreitet	< 0,001	schwach verbreitet	< 0,001
Zinnstein- und wolframhaltige Greisen und Quarzgänge	,,	< 0,001	,,	0,001	,,	< 0,001
Zinnhaltige Skarne	,,	0,001–0,005	typisch	0,001–0,005	weit verbreitet	0,01 und mehr
Silikatische und sulfidische Zinnsteinlagerstätten	–	–	weit verbreitet	0,001–0,005	,,	0,01 und mehr
Polymetallische Zinnlagerstätten	–	–	typisch	0,01 und mehr	,,	0,01 und mehr
Polymetallische Zinnlagerstätten mit Sulfosalzen von Sn, Pb und Ag	–	–	typisch	0,01 und mehr	,,	0,01 und mehr
Kies- und polymetallische Kieslagerstätten	typisch	0,01–0,005	weit verbreitet	0,001–0,005	,,	< 0,001
Pb-Zn-Erztypen (hoch- und mittelthermal)	,,	< 0,001	typisch	< 0,001	typisch	< 0,001

stätten Südnorwegens, bei In-Gehalten von 0,01 bis 0,03% in der Zinkblende, einige zehntel Prozent Zinn auftreten. Diese Tatsache hat wahrscheinlich allgemeine Bedeutung. So stellte man z. B. in der Pitkjarantsker polymetallischen Skarnlagerstätte (Baltischer Schild), die durch das Auftreten von Zinnstein charakterisiert ist, hohe In-Gehalte fest (O. ERÄMETSA 1939), die im allgemeinen für Lagerstätten älterer Entstehung nicht typisch sind.

Weitaus häufiger tritt Indium in variskischen Lagerstätten auf. Hier weisen z. B. sulfidische Zinnstein- (England, Tasmanien, Australien) und polymetallische Zinnlagerstätten (UdSSR, Deutschland) erhöhte Indiumgehalte auf. Gleichzeitig sind größere Indiummengen in den Erzen variskischer Kies-, Kies-polymetallischer und Pb-Zn-Lagerstätten vorhanden. Indium ist in diesen Lagerstätten sehr ungleichmäßig verbreitet. Es bildet keine hohen Konzentrationen. Wie N. M. PROKOPENKO (1941b) feststellte, begegnet man Indium vorzugsweise in hochthermalen Lagerstätten, während in niedrigthermalen im allgemeinen eine merkliche Verarmung an Indium eintritt. Diese Verarmung ist besonders typisch für die telethermalen Pb-Zn-Lagerstätten (UdSSR, Nordafrika). Variskische Kies-, polymetallische Kies- und Pb-Zn-Lagerstätten sind am weitesten auf dem Territorium der UdSSR verbreitet, in denen sogar die eisenreiche Zinkblende hohe Indiumgehalte besitzen kann (W. W. IWANOW & N. W. LISUNOW 1960).

Auch in den mesozoischen Lagerstätten ist Indium weit verbreitet (Tab. 1). N. M. PROKOPENKO stellte erstmalig fest, daß z. B. Indium auch in der transbaikalischen mesozoischen metallogenetischen Provinz vorhanden ist. Dieses geotektonisch späte Auftreten von Indium wurde in vielen meso-känozoischen Lagerstätten des Fernen Ostens und des Nordostens der UdSSR, aber auch in anderen Ländern — in der bolivianischen Erzprovinz, in verschiedenen Lagerstätten der USA und Kanadas — (W. W. IWANOW & W. J. WOLGIN 1958) beobachtet. Im Meso-Känozoikum ist der Zusammenhang von Indium mit Zinn besonders offensichtlich. Wenn im variskischen Zyklus In-haltige sulfidische Zinnlagerstätten noch ziemlich selten sind, so sind sie im Mesozoikum weit verbreitet und bilden neben Zinnerzen vom Skarntyp, silikatischen Zinnstein- und sulfidischen Zinnsteinlagerstätten die Hauptanreicherungszentren. In einigen Erzprovinzen sind polymetallische Sn-Lagerstätten mit verschiedenen Sulfosalzen (Bolivien) entwickelt.

Die Konzentration von Indium in den aufgezählten mesozoischen Lagerstättentypen ist in der Regel bei weitem höher als in den älteren analogen Lagerstätten (Tab. 1). In manchen Fällen übersteigen die In-Gehalte in diesen Lagerstätten einige tausend Mal den CLARKE-Wert dieses Elements in der Erdkruste und erreichen einige zehntel Prozent in der Zinkblende (W. W. IWANOW & N. W. LISUNOW 1959). Außer für Zinkblende ist Indium in diesen Lagerstätten relativ typisch für Kupferkies und Zinnkies, aber auch für Zinnstein. Besonders hohe Indiumgehalte, die 1% erreichen können, charakterisieren die kollomorphen Varietäten des Zinnsteins (Holzzinn), die sich unter oberflächennahen Bedingungen bildeten.

Im Verhalten von Indium in anderen Typen meso-känozoischer Lagerstätten (Tab. 1) sind gegenüber den älteren Lagerstätten wenig Unterschiede vorhanden.

Tab. 2. Die Verbreitung der In-haltigen Lagerstätten in verschiedenen metallogenetischen Zyklen

Lagerstättentyp	metallogenetischer Zyklus		
	kaledonisch	variskisch	meso-känozoisch
Zinnsteinhaltige Granite und Pegmatite	typisch	typisch	schwach verbreitet
Zinnstein- und wolframhaltige Greisen und Quarzgänge	schwach verbreitet	,,	typisch
Zinnhaltige Skarne	,,	schwach verbreitet	,,
Silikatische und sulfidische Zinnlagerstätten	–	,,	sehr weit verbreitet
Polymetallische Zinnlagerstätten	–	,,	,,
Polymetallische Zinnlagerstätten mit Sulfosalzen von Sn, Pb und Ag	–	,,	typisch
Kies- und polymetallische Kieslagerstätten	schwach verbreitet	sehr weit verbreitet	,,
Pb-Zn-Erztypen	,,	,,	,,

Lediglich treten im Vergleich mit den älteren Lagerstätten (UdSSR) in den jüngeren Kieslagerstätten (alpidisch) etwas niedrigere Indiumgehalte auf.

Aus den dargelegten Besonderheiten im Verhalten von Indium ist ersichtlich, daß von den älteren metallogenetischen Zyklen zu den jüngeren eine gewisse Erhöhung des Indiumgehalts auftritt. Die Indiumgehalte vergrößern sich sprunghaft im variskischen Zyklus (hauptsächlich der Kies-, polymetallischen Kies- und der Pb-Zn-Lagerstätten) und behalten diese Intensität im Meso-Känozoikum bei. Gleichzeitig mit der Intensitätsänderung ändern sich auch die Lagerstättentypen, in denen sich Indium konzentriert. So treten z. B. im variskischen Zyklus In-haltige sulfidische Zinnlagerstätten verschiedener Typen auf, die durch maximale Konzentrationen von Indium gekennzeichnet sind. Sie erhalten ihre größte Bedeutung im Meso-Känozoikum, wobei in den jüngeren Typen dieser Lagerstätten die höchsten Indiumgehalte festgestellt wurden.

Literatur

ERÄMETSA, O.: Über die Verbreitung des Indiums in finnischen Mineralien und seine Trennung von anderen Metallen. – Ann. Acad. Sci., Fennicae, Ser. A, 51, 1939.
IWANOW, W. W. & N. W. LISUNOW: Indium in verschiedenen Zinnerzlagerstätten von Jakutien. – Geochimija, H. 4, 1959.
– Über verschiedene Besonderheiten der Verbreitung von Indium in endogenen Lagerstätten. – Geochimija, H. 1, 1960.
IWANOW, W. W. & W. J. WOLGIN: Zur Verbreitung von Indium in Zinn- und Zinn-polymetallischen Lagerstätten. – Tschita 1958.
OFTEDAL, G.: Untersuchungen über die Nebenbestandteile von Erzmineralien norwegischer Zinkblende führender Vorkommen. – Nor. vid. Akad. Oslo, Nr. 8, 1940.
PROKOPENKO, N. M.: Die Verbreitung von Indium in verschiedenen metallogenetischen Zyklen der UdSSR. – Dokl. AN SSSR, Bd. 31, Nr. 1 [1941a].
– Die Erkundungsmerkmale auf Indium. – Dokl. AN SSSR, Bd. 31, Nr. 1 [1941b].
– Die Verbreitung von Indium in Transbaikalien. – Dokl. AN SSSR, Bd. 31, Nr. 9 [1941c].
SCHRÖCKE, H.: Zur Geochemie erzgebirgischer Zinnerzlagerstätten. – N. Jb. Min., Abh., Bd. 87, H. 3 (1955).
SMIRNOW, W. I.: Abriß der metallogenetischen Rayonierung des Territoriums der UdSSR. – Isw. AN SSSR, Ser. Geol., Nr. 4, 1959.

Zur Geochemie des Tantal und Niob bei hydrothermal-pneumatolytischen Prozessen [1]

A. A. BEUS & A. A. SITNIN, Moskau

Die Geochemie des Tantal und Niob ist noch in vieler Hinsicht unklar. Am wenigsten untersucht aber ist das Verhalten dieser Elemente auf hydrothermal-pneumatolytischen Lagerstätten.

A. E. FERSMAN (1939), der die geochemischen Merkmale des Niob und Tantal charakterisierte, vermerkt, daß beide Elemente nicht in den Pneumatolyt übergehen (S. 117). Dieser Auffassung schließt sich praktisch auch A. I. GINSBURG (1956, 1957) an, der Niob und insbesondere Tantal der Gruppe von Elementen zuordnet, die für hydrothermal-pneumatolytische Prozesse nicht kennzeichnend sind.

Sichtbare Tantal- und Niobbeimengungen im Kassiterit und Wolframit einer Reihe typischer hydrothermal-pneumatolytischer Lagerstätten, die weite Verbreitung von Columbit in albitisierten Graniten und das Vorkommen von Niob- und Tantalmineralien in hochthermalen, albitisierten Columbit führenden Graniten, verknüpft mit Quarzgängen (UdSSR, Nigeria u. a.), machten diese Schlußfolgerungen jedoch recht anfechtbar. Auch die geochemische Analyse des Verhaltens von Niob und Tantal in den Granit-Pegmatiten bietet keinerlei Grundlage für solche Schlußfolgerungen. Aus dem Studium der uns über die Geochemie des Niob und Tantal in einer Reihe von Granit-Pegmatit-Vorkommen der UdSSR und der Volksrepublik China zur Verfügung stehenden Angaben und dem Studium der Forschungsergebnisse von A. I. GINSBURG (1957, 1960) ist zu schließen, daß ein gesetzmäßiger Zusammenhang zwischen der Tantal-Niob-Konzentration der Pegmatite und den Prozessen der postmagmatischen Metasomatose — der Muskovitisierung, Albitisierung, Lepidolithisierung — besteht. Auf den Zusammenhang von Niob-Tantalaten und dem Beginn der Albitverdrängung in Pegmatiten verwies, wie bekannt, auch A. E. FERSMAN (1939). Es muß hier unterstrichen werden, daß die Eigenarten in der Verteilung der Tantal- und Niobmineralien in Granit-Pegmatiten voll und ganz unseren Vorstellungen von der Abhängigkeit der Konzentration der seltenen Elemente von den Veränderungen des Aziditäts-Alkalitäts-Regimes der mineralisierenden Lösungen bei Metasomatosen entsprechen (A. A. BEUS 1961). Die älteste Columbitgeneration der Granit-Pegmatite (tafeliger Columbit, nach A. I. GINSBURG 1956) scheidet mit zunehmender Alkalität dieser Lösungen infolge beginnender Verdrängung (Muskovitisierung) des Kalifeldspats (Blockmikroklin) als Blockstruktur im Pegmatit aus. Davon zeugt die eindeutige Verknüpfung der frühen Columbitkristalle mit den Grenzen der Kalifeldspat- und Quarzblöcke und die paragenetische Verbindung dieser Columbitgeneration mit Muskovit, der sich nach Feldspat bildet (Auslaugung). Es ist von Interesse, daß die von A. I. GINSBURG (1956) eingehend untersuchten Kristalle des tafeligen Columbits ihrer Zusammensetzung nach unterschiedlich waren. Die Ränder dieser Kristalle waren an Ta_2O_5 reicher als die zentralen Teile. In anderen Fällen säumte Tantal den Columbit oder durchdrang ihn entlang den Klüften. Diese für uns höchst interessante Beobachtung der im Prozeß der Mineralbildung beginnenden Niob- und Tantalteilung läßt auf eine größere Beständigkeit der in der Lösung befindlichen beweglichen Tantalverbindungen gegenüber der Basizität dieser Lösungen schließen (A. A. BEUS 1958, A. A. BEUS & A. A. SITNIN 1959). Dies bestätigt der gesamte Ablauf der Pegmatitbildung, wie im weiteren gezeigt wird.

Die Hauptmasse der mit Pegmatiten verbundenen Tantal- und Niobmineralien fällt, wie bekannt, während der Albitisierung aus. Die geochemische Rolle der Albitisierung in bezug auf die Konzentration der seltenen Elemente wurde bereits in einer früheren Arbeit von A. A. BEUS (1961) aufgezeigt. Eine recht typische Ten-

[1] Aus: „Geochimija", Nr. 3, 1961. – Übers.: H. QUANDT

denz dieses in Pegmatiten ablaufenden Prozesses, wie sie von der Mehrzahl der Forscher vermerkt wird (A. I. Ginsburg 1956, 1957, 1960; V. M. Goldschmidt 1954; M. W. Kusmenko 1959 u. a.), ist die Tantalkonzentration in den Spätstadien. Die für Pegmatite spätesten Verdrängungsphasen, die Greisen- und insbesondere die Lepidolithphase, sind in der Regel stark mit Tantal angereichert. Selbst in Pegmatitvorkommen, die tantalarm sind (zum Beispiel das Pegmatitfeld der Turkestanischen Gebirgskette) und in denen sich sowohl die frühen als auch die späten Columbitgenerationen durch einen niedrigen Tantalgehalt auszeichnen, ist mit dem verdrängenden Lepidolithkomplex, der ein späteres Stadium der Pegmatitverdrängung ist, ein typischer Mikrolith verknüpft, der etwa 70% Ta_2O_5 enthält. Im Prozeß der Entwicklung des lepidolithischen Verdrängungskomplexes vollzieht sich also in den Granit-Pegmatiten eine fast vollständige Trennung der in der Minerallösung zusammen vorkommenden Elemente Niob und Tantal. Die wesentlichste geochemische Eigenart des lepidolithischen Verdrängungskomplexes der Granit-Pegmatite ist die bedeutende Fluorkonzentration. Durch diese Besonderheit sind die geologischen Verhältnisse charakterisiert, die zur Anhäufung von Lepidolith in den abschirmenden oder apikalen Teilen der Pegmatitkörper führen. A. I. Ginsburg (1957) bezieht darauf auch vollauf begründet die hohe Lithiumkonzentration. Da die Fluorkomplexe des Tantal weit beweglicher und beständiger sind als die des Niob, ist eine Differentiation dieser Elemente bei Mineralisationsprozessen, an denen Fluor aktiv beteiligt ist, zu erwarten (A. A. Beus 1958, I. G. Ryss 1956).

Die Migration und Konzentration von Tantal und Niob in den Granit-Pegmatiten ist demzufolge ausschließlich mit der Wirkung der postmagmatischen hochtemperierten Verdrängungslösungen, also mit dem hydrothermal-pneumatolytischen Prozeß verbunden.

Da sich die für die Pegmatite kennzeichnenden Prozesse der postmagmatischen Metasomatose (Albitisierung, Vergreisenung) auch in den Graniten selbst entwickeln, ist kaum zu erwarten, daß im Verhalten von Tantal und Niob während der postmagmatischen Metasomatose in Graniten und Granit-Pegmatiten wesentliche Unterschiede auftreten.

Die in den letzten Jahren im Institut für Mineralogie und Geochemie der seltenen Elemente bei der Akademie der Wissenschaften der UdSSR durchgeführte eingehende Erforschung der Zusammenhänge zwischen der Konzentration seltener Elemente und den in Granitoiden ablaufenden postmagmatischen Prozessen (A. A. Beus & A. A. Sitnin 1959 und 1960, A. A. Sitnin 1960) bestätigen diese unsere Annahme. Sie ermöglicht es, eine gewisse Parallele im Verhalten der gegebenen Elemente in den verdrängenden Pegmatiten und metasomatisch veränderten Granitoiden zu ziehen.

Heute ist der enge Zusammenhang zwischen der Niobkonzentration (in den Columbiten) und der frühen Albitisierungsphase in den Granitoiden der basischen Reihe weitgehend erforscht (A. S. Pawlenko u. a. 1960). Neben den albitisierten Graniten dieser Gruppe, die meist durch einen sehr geringen Tantalgehalt und durch ein entsprechend niedriges Ta/Nb-Verhältnis (0,1—0,5) gekennzeichnet sind, können albitisierte und vergreiste Granite der sauren und ultrasauren Reihe ausgeschieden werden, die sich durch einen relativ hohen Tantalgehalt und ein entsprechend höheres Ta/Nb-Verhältnis auszeichnen (0,25 bis 2) (A. A. Beus & A. A. Sitnin 1960, A. A. Sitnin 1960). Der Niobgehalt der vorgegebenen metasomatisch veränderten Granitvarietäten ist meist niedriger als in den albitisierten Graniten der alkalischen Reihe (0,05 bis 0,015% Nb_2O_5). Das am weitesten verbreitete Mineral der albitisierten Granite der sauren Reihe ist Tantal-Columbit mit einem Ta/Nb-Verhältnis von 0,17 bis 1. Tantal-Columbit wurde in den letzten Jahren in vielen Abarten der intensiv albitisierten, beryllführenden Granite und Granodiorite (Quarzalbite) festgestellt, wie sie innerhalb des Greisenkomplexes der Granitoide auf dem Gebiete der UdSSR (Transbaikalgebiet) und auch in der Volksrepublik China (Provinzen Hopeh, Schansi u. a.) vorkommen. Maximale Tantalkonzentrationen im Prozeß der hydrothermal-pneumatolytischen Veränderung der Granitoide werden bei intensiv entwickelten und unter aktiver Anteilnahme von Fluor ablaufenden Vergreisenungsprozessen beobachtet. Es entstehen hierbei in den albitisierten und greisenisierten Graniten ähnlich wie in Pegmatiten Mineralien der Pyrochlor-Mikrolith-Gruppe, die sich durch einen hohen Tantalgehalt auszeichnen. Das Ta/Nb-Verhältnis in den veränderten mit Mikrolith und Tantal-Gatschetolit (ein natriumarmer Pyrochlor, d. Ü.) angereicherten Granitteilen liegt zwischen 0,56 und 2.

Wie im Pegmatit ist das Tantal in albitisierten und greisenisierten Graniten paragenetisch eng mit Lithium verbunden. Die höhere Konzentration ist kennzeichnend für Granite, die Lithiumglimmer (Zinnwaldit) enthalten.

Am Beispiel der interessantesten der von den Autoren entdeckten Tantal führenden Granitmassive Ostsibiriens kann auch die abschirmende Rolle der Massivdecke gezeigt werden, in deren Nähe metasomatisch veränderte und maximal mit Tantal angereicherte Granitzonen (0,01—0,05% Ta_2O_5) lagern (Abb.). Unterhalb der mit Tantal angereicherten Zone zeichnet sich eine Kluftzone ab, die Spuren der Tätigkeit greisenisierender Lösungen trägt, die eine Auslaugung bewirkten. Es bilden sich an diesen Abschnitten örtlich feste, feinkörnige Glimmer-Albit-Quarz-Greisen (Auslaugungszone). Unterhalb der mit Tantal angereicherten Zone, wo die Klüftung besonders stark ausgeprägt ist, ist der Ta_2O_5-Gehalt infolge Auslaugung sehr gering (0,003% und darunter). Auf größeren Tiefen steigt er erneut an und erreicht den Mittelwert des Massivs (0,006—0,008%).

Wesentlich anders verhält sich das Niob. Sein Gehalt bleibt in allen untersuchten Horizonten des Massivs praktisch konstant und steht mit dem Tantalgehalt in keinerlei Wechselbeziehung. Der Niobgehalt ändert sich auch nicht in den Auslaugungszonen. Das spricht wiederum für die größere Beweglichkeit des Tantals in den fluorhaltigen und stark basischen Lösungen.

In den albitisierten Graniten tieferer Horizonte und in den Auslaugungszonen ist Columbit mit einem Ta_2O_5/Nb_2O_5-Verhältnis von 0,17 bis 0,25 das vorherrschende Tantal-Niob-Mineral. Von untergeordneter Bedeutung ist hier Mikrolith. Infolge der Wechselwirkung zwischen Columbit und Mikrolith liegt das Ta_2O_5/Nb_2O_5-Verhältnis in den die Auslaugungszone unterlagernden Graniten etwa bei 0,25. In der Auslaugungszone nimmt es infolge des zurückgehenden Tantalgehalts merklich ab.

In den mit Tantal angereicherten und mit dem Endokontakt des Hangenden verknüpften Massivteilen dominiert Mikrolith. Der hier anzutreffende Columbit unterscheidet sich von dem tieferer Horizonte und zeigt ein Ta_2O_5/Nb_2O_5-Verhältnis von 0,3 und höher. Ta_2O_5/Nb_2O_5 liegt im Gestein, wie schon vermerkt, zwischen 0,5 und 2.

Im Massiv zeichnet sich also der Zusammenhang zwischen der Tantalkonzentration und der Wirkung postmagmatischer, fluorhaltiger Lösungen sehr deutlich ab.

Die Errechnung der Tantal- und Niobbilanz für die albitisierten und vergreisten, mit Tantal angereicher-

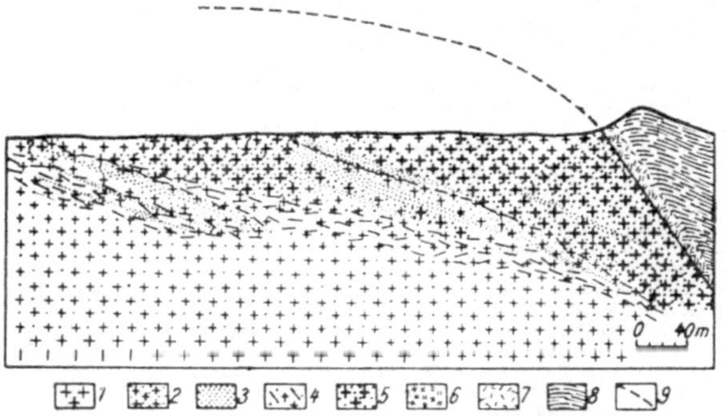

Schematischer, geologischer Schnitt durch ein Tantal führendes albitisiertes Gneis-Granit-Massiv (Ostsibirien)

1 — porphyrischer, mittelkörniger, albitisierter Granit; 2 — fein- und gleichmäßig gekörnter, albitisierter Granit (Tantal führend); 3 — feinkörniger Albit-Quarz-Greisen mit Glimmer; 4 — ungleichmäßig gekörnter, albitisierter Granit mit taxitischer und Fließtextur; 5 — ungleichmäßig-körniger, albitisierter Granit, stellenweise mit Quarz- oder Mikroklin-Porphyroblasten angereichert; 6 — Quarz-Topas-Glimmer-Greisen; 7 — greisenisierte Tonschiefer und Sandsteine; 8 — Tonschiefer, Sandsteine und Aleurolithe; 9 — die Kontaktlinie des erodierten Massivteils

ten Granitarten ergab, daß über 90% des Tantals und Niobs mit Mikrolith und Columbit verbunden sind. Nur ein geringer Anteil kommt in Glimmer und Kassiterit vor. So würden zum Beispiel im Zinnwaldit der veränderten Tantal führenden Granite 0,013% Ta_2O_5 und 0,029% Nb_2O_5 festgestellt. Interessant ist der ähnliche Wert im Verhältnis Ta/Nb für Zinnwaldit und Granit.

Offenbar ist die Tantal- und Niobkonzentration in Greisen-Graniten mit Kassiterit oder Wolframit, die ja stets eine bestimmte Menge Tantal und Niob enthalten, eine weit verbreitete Erscheinung. Der Wert Ta/Nb ist für Kassiterit und Wolframit sehr unterschiedlich und schwankt in Abhängigkeit von den geochemischen Eigenarten der einen oder anderen Provinz erheblich. So ist zum Beispiel auf einigen Lagerstätten des Transbaikalgebiets für die aus Greisen-Graniten stammenden Wolframite Ta_2O_5/Nb_2O_5 gleich 1, bei einem Gesamtgehalt an Tantal- und Niob-5-Oxyden von etwa 1,0%. Solche Lagerstätten sind allerdings in bezug auf die Tantal- und Niobmineralien äußerst wenig erforscht. Das Vorkommen eigentlicher Tantal- und Niobmineralien in Form mikroskopischer Verwachsungen mit Kassiterit und Wolframit und als selbständige kleine Kristalle neben Ta^{5+} und Nb^{5+} als isomorphe Beimengungen im Kassiterit und Wolframit ist daher sehr wahrscheinlich[2]). Es bleibt noch zu vermerken, daß in Greisen-Graniten neben Columbit und Tantal-Columbit, Mikrolith und Gatschetolit auch die Tantal- und Niobmineralien der Euxenit- und Fergusonit-Gruppe bekannt sind.

Die fluorhaltigen und die Greisenbildung hervorrufenden Lösungen tragen in einer Reihe von Fällen Tantal und Niob aus dem Granitmassiv hinaus. Im Ergebnis bildet sich in den Exokontaktgreisen einiger albitisierter und vergreister Granitmassive Tantalrutil, der nur wenig Niob enthält (A. A. SITNIN & T. N. LEONOWA 1961), und Kassiterit, der eine Beimengung von etwa 1% des Gesamtgehalts an Tantal- und Niob-5-Oxyd enthält. In den Greisen einiger Lagerstätten des pazifischen Gürtels wurde Columbit ebenfalls festgestellt.

Die Geochemie des Tantals und Niobs ist mit der Vergreisenung keineswegs abgeschlossen, davon zeugt zum Beispiel das Vorkommen von Tantal- und Niobmineralien (Columbit) auf hochthermalen Quarz- und Quarz-Feldspat-Gängen (Nigeria, Transbaikalgebiet, Ferner Osten). Weit verbreitet auf diesen Lagerstätten ist Kassiterit und Wolframit, die isomorphe Tantal- und Niob-Beimengungen und Columbitverwachsungen aufweisen (I. F. GRIGORJEW & E. I. DOLOMANOWA 1951). Der gesamte Tantal- und Niobgehalt dieser Mineralien (ohne die Columbitverwachsungen) bewegt sich zwischen einem zehntel und einem Prozent. Der Wert Ta/Nb schwankt für die Wolframite und Kassiterite der Quarz- und Quarz-Feldspat-Gänge in erheblichen Grenzen in Abhängigkeit von den geochemischen Besonderheiten des Prozesses und dem Verhältnis dieser Elemente im Muttergestein.

Schlußfolgerungen

1. Tantal und Niob sind typische Elemente der mit Graniten verknüpften, postmagmatischen, hochthermalen Prozesse.

2. Die Geochemie dieser Elemente im postmagmatischen Ablauf läßt sich verfolgen vom Stadium der frühen Natrium-Metasomatose in den Graniten (frühe Albitisierung) über die Vergreisenungsphase bis zur Herausbildung der hochthermalen Quarzgänge.

3. Entsprechend den geochemischen Eigenarten der postmagmatischen Metasomatose kann man zwei Gruppen von Graniten je nach dem Anteil von Tantal und Niob scharf voneinander trennen. Die albitisierten, Columbit und Pyrochlor führenden Granite der alkalischen Reihe weisen nur geringe Tantalmengen auf. Ihr Verhältnis Ta_2O_5/Nb_2O_5 ist gleich 0,1—0,2. In den albitisierten Columbit, Tantal-Columbit und Mikrolith enthaltenden Graniten der sauren und ultrasauren Reihe steigt der Tantalgehalt merklich an und ist für einzelne Massive um das 10—20fache höher als der mittlere Gehalt in Graniten (0,0004% nach K. RANKAMA 1950). Das Verhältnis Ta/Nb steigt auf 0,25—0,50.

4. Das Verhalten von Tantal und Niob im hydrothermal-pneumatolytischen Prozeß und die Differentiation, die sich besonders deutlich im Greisenstadium zeigt, lassen sich mit der unterschiedlichen Beweglichkeit und Beständigkeit der azidokomplexen Tantal-Niob-Verbindungen erklären, z. B. der Fluorkomplexe, deren Vorkommen in der Lösung angenommen werden kann. Mit diesem Prozeß sind die höchsten Tantalkonzentrationen der apikalen Teile der albitisierten Greisen-Granit-Massive verbunden, die den mittleren Ta-Gehalt der normalen Granite um das 40—100fache übersteigen.

5. Das Verhalten von Tantal und Niob im Prozeß der in Graniten ablaufenden postmagmatischen Metasomatose weist viele gemeinsame Züge mit dem Verhalten dieser Elemente bei Verdrängungsprozessen in Granit-Pegmatiten auf. Es muß jedoch auf den größeren Umfang der Tantal-Niob-Anhäufung in den metasomatisch umgewandelten Graniten im Vergleich zu den Pegma-

[2]) Die Autoren stimmen den Schlußfolgerungen A. I. GINSBURGS (1956) von dem nur sehr begrenzt möglichen Isomorphismus zwischen Ta^{5+} und Nb^{5+} einerseits und Sn^{4+} und W^{6+} andererseits voll und ganz zu.

titen bei einem im übrigen angenäherten Konzentrationsgrad verwiesen werden.

Zusammenfassung

Die Verf. geben eine grundsätzliche Einschätzung des Vorkommens und der Genese der seltenen Elemente Niob und Tantal. Sie behandeln auf der Grundlage sehr eingehender Beobachtungen und Untersuchungen deren verschiedenartiges und verschiedenwertiges Auftreten im Gestein und kennzeichnen die physikalischen und chemischen Voraussetzungen für deren Anreicherung.

Резюме

Авторы дают принципиальную оценку наличия и генезиса редких элементов ниобия и тантала. На основании весьма детальных наблюдений и исследований они освещают нахождение их в породах (в различных видах и в различных валентностях) и характеризуют также физические и химические предпосылки для их накопления в породах.

Summary

A principal estimate of the occurrence and genesis of the rare elements niobium and tantalum is given by the authors. Based on very extensive observations and investigations their occurrence in different forms and values in the rock are described, and the physical and chemical conditions of their enrichment are characterized.

Literatur

Beus, A. A.: Geochemie. – Nr. 4, 1958.
– Das Aziditäts-Alkalitäts-Regime der metasomatischen Prozesse als Faktor der Konzentration seltener Elemente. – Sammelband zum 60. Geburtstag von D. S. Korshinski; Akad. Wiss. UdSSR, Moskau 1961.
Beus, A. A. & A. A. Sitnin: Die beryllführenden Granite. – In „Die Geologie der Lagerstätten seltener Elemente", Gosgeolisdat, Moskau 1959.
– Die Erkundung des Erdinnern. – Nr. 10, Moskau 1960.
Fersman, A. E.: Geochemie. – Bd. IV, Akad. Wiss. UdSSR, Moskau 1939.
Ginsburg, A. I.: Geochemie. – Nr. 3, 1956.
– Einige Besonderheiten der Geochemie des Lithium. – Arbeiten des Mineralogischen Museums, 8. Aufl., Moskau 1957.
– Die geochemischen Eigenarten des Pegmatit-Prozesses. – Referat auf dem XXI. Geologenkongreß 1960.
Ginsburg, A. I. & D. I. Gorschewski: Mitteilungen Akad. Wiss. UdSSR, geologische Serie; Nr. 6, Moskau 1957.
Goldschmidt, V. M.: Geochemistry. – Oxford 1954.
Grigorjew, I. F. & E. I. Dolomanowa: Neue Daten über die Kristallochemie und die typomorphen Besonderheiten von Kassiterit unterschiedlicher Herkunft (Genese). – Arbeiten des Mineralogischen Museums, Nr. 3, Moskau 1951.
Kusmenko, M. W.: Zur Geochemie des Tantal und Niob. – Arbeiten des Instituts für Mineralogie und Geochemie der seltenen Elemente bei der Akademie der Wissenschaften der UdSSR, Moskau 1959.
Pawlenko, A. S., Saja-Tschun-Jan & L. N. Morosow: Geochemie. – Nr. 2, Moskau 1960.
Rankama, K. & Th. Sahama: Geochemistry. – Chicago 1950.
Ryss, I. G.: Die Geochemie des Fluor und seiner anorganischen Verbindungen. – Goschimisdat, Moskau 1956.
Sitnin, A. A.: Geochemie. – Nr. 4, Moskau 1960.
Sitnin, A. A. & T. N. Leonowa: Über Struvitfunde in den Exokontaktgreisen eines der Ostsibirischen Massive. – Referate Akad. Wiss. UdSSR, 137, 3. Aufl., Moskau 1961.

Kiessandlagerstätten der Bezirke Potsdam, Frankfurt, Cottbus

Walter Mehner, Berlin

Vorbemerkung

Die Baustoffindustrie der DDR verlangt in den letzten Jahren angesichts der großen Wohn- und Industriebauvorhaben in steigendem Maße einwandfreie Betonzuschlagstoffe. Sie fordert insbesondere die Produktion von qualitätsgerechtem Kies, Schotter und Splitt, d. h. von Zuschlagstoffen, die durch Klassierung und Wäsche weitgehend aufbereitet sind; denn die Natur liefert nur in wenigen Fällen einwandfreies, sofort verwendbares Rohmaterial.

Diese wirtschaftliche Perspektive spiegelte sich deutlich in dem Erkundungsprogramm des ehem. Geologischen Dienstes Mitte für den Raum Berlin und die Bezirke Cottbus, Frankfurt und Potsdam wider. Gemäß den Anforderungen sucht die Erkundung vornehmlich größere Kiessandlagerstätten nachzuweisen, deren Rohmaterial als Betonsand oder Betonkies nach DIN 1045 und 4226 zu verwenden ist.

Abb. 1 stellt die Bohrmeterentwicklung für die drei Bezirke im Mineral Ton und Kiessand (ohne Spezialsand) dar und zeigt die wachsende Bedeutung der Kiessanderkundung. Die Tonerkundung fällt nach einer absoluten Spitze 1958 mit über 18000 Bohrmetern stetig ab, die Kiessanderkundung steigt ab 1955 an und erreicht 1957–1960 mit 8000–9000 Bohrmetern entsprechend den wirtschaftlichen Projektierungen (Industrie- und Wohnungsbau, Betonwerke) den derzeitigen Höchststand.

Ab 1960 liegt die Kiessanderkundung bohrmetermäßig über der Tonerkundung. Der Abfall der Kiessandkurve 1961 ist durch die gesteigerten Erkundungen der Vorjahre mit Deckung des wichtigsten Bedarfs bedingt; doch werden sich die 1961 veranschlagten Bohrmeter durch betriebliche Erkundungsarbeiten noch erhöhen.

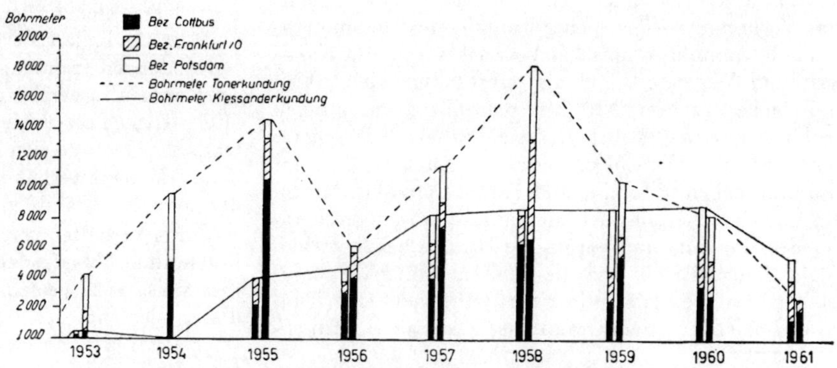

Abb. 1. Bohrmeterleistungen für Ton- und Kiessanderkundung im Bereich des ehem. Geologischen Dienstes Mitte

In Säulendiagrammen wird der Erkundungsaufwand für die einzelnen Bezirke aufgegliedert. Wie im Mineral Ton auf den Bezirk Cottbus durch seine zahlreichen größeren und wertvollen Tonlagerstätten der Hauptanteil der Erkundung entfällt, steht auch die Kiessanderkundung dieses Bezirkes vor den Bezirken Frankfurt und Potsdam. Das ist nicht nur mit den guten und großen Kiessandlagerstätten der Niederlausitz zu begründen, sondern auch mit den begonnenen oder projektierten Großbauvorhaben des Bezirks (Abb. 2). Für den Bezirk Frankfurt laufen ebenfalls große Bauprojekte an, zudem muß der Bedarf von Groß-Berlin an Betonzuschlagstoffen vornehmlich aus den größeren Kiessandlagerstätten in Odernähe gedeckt werden. Der Bezirk Potsdam ist von Natur aus stiefmütterlich mit wertvollen Kiessandlagerstätten bedacht.

Im westlich und südwestlich anschließenden mitteldeutschen Raum haben J. Pomper & R. Ruske (1958) die Kiessandsituation besonders für die Bezirke Halle und Magdeburg dargestellt.

Geologie der Kiessandlagerstätten

Kiessand ist ein Gemenge aus Sand und Kies in verschiedenen Fraktionen, das aus dem gröberen Ver-

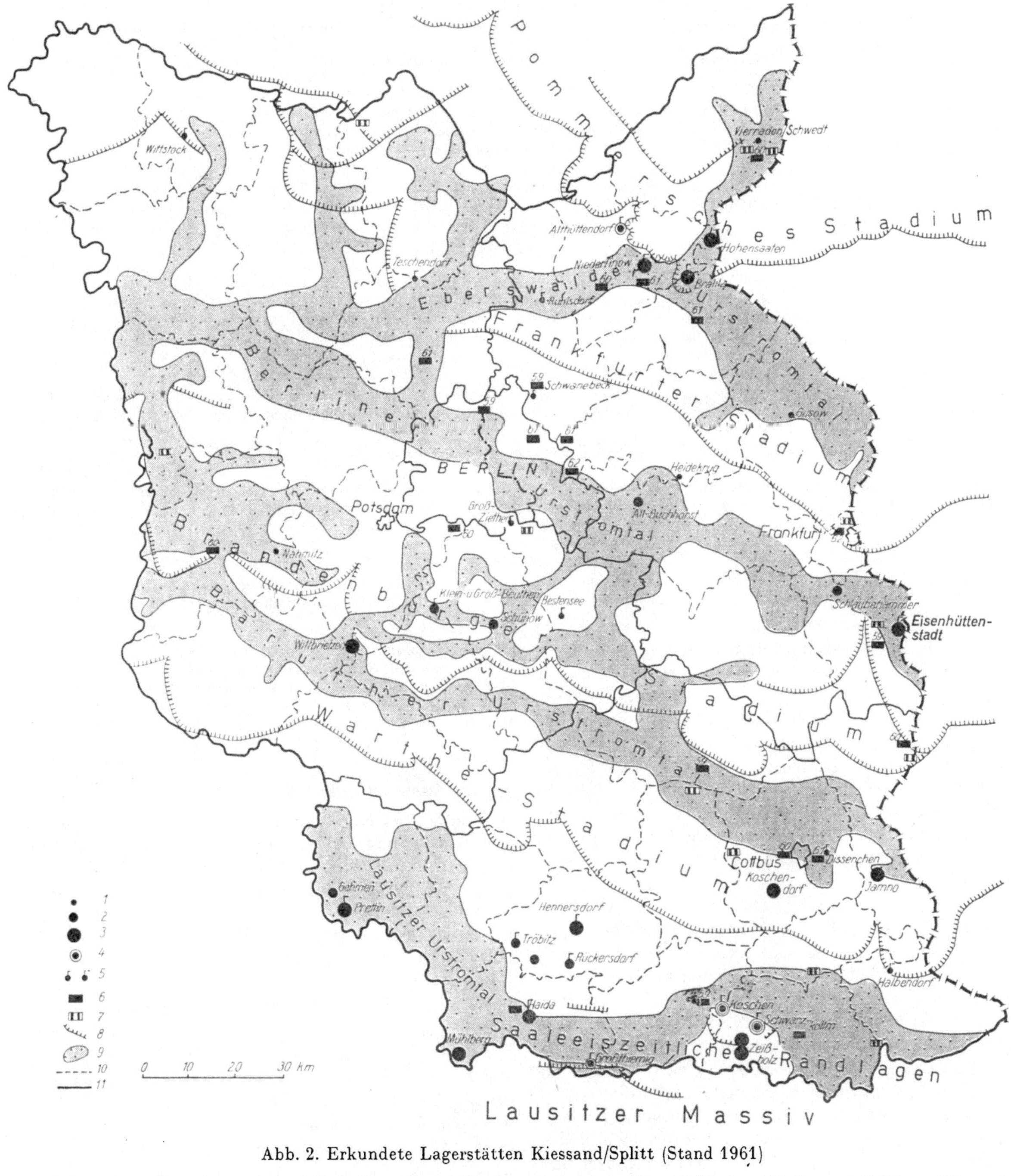

Abb. 2. Erkundete Lagerstätten Kiessand/Splitt (Stand 1961)

1 – kleine Kiessandlagerstätten, 2 – mittlere Kiessandlagerstätten, 3 – große Kiessandlagerstätten, 4 – Schotter- und Splittlagerstätten entsprechender Größe, 5 – genutzte Lagerstätten bzw. Abbau projektiert, 6 – Betonwerke (Platten- oder Gleitfertigerwerke) mit Baujahr (nach MENDE 1960), 7 – größere industrielle Bauobjekte, 8 – Haupteisrandlagen (nach KEILHACK 1921 und WOLDSTEDT 1935), 9 – Talsandbereiche (nach KEILHACK 1921), 10 – Kreisgrenzen, 11 – Bezirksgrenzen

witterungsschutt des festen Untergrundes durch Umlagerung in fließendem Wasser entstanden ist. Ursprungsgebiete dieses Materials sind die heraustauchenden alten kristallinen Massive der Lausitz und der Sudeten im Süden sowie des fennoskandischen Schildes im Norden mit ihren sedimentären Überdeckungen. Nach der Herkunft des Materials wird deshalb zwischen „südlicher und nordischer Tracht" unterschieden.

Dort herrschen Quarze, Quarzite, Grauwacken und Lydite als die widerstandsfähigsten Verwitterungsrückstände der südlichen Massive vor, hier u. a. die charakteristischen rötlichen Granite und Porphyre, die Dalaquarzite und die Rügener Feuersteine. Die nordische Geröllgemeinschaft ist über weite Strecken des baltischen und norddeutschen Raumes mit der Grundmoräne des Inlandeises in den verschiedenen Eisvorstößen in unser Gebiet gelangt, in Stillstandslagen des Eises zu Endmoränen aufgehäuft und vornehmlich durch die Schmelzwässer in Talsandbereichen der Urstromtäler und anderer Abflußrinnen abgelagert worden. Die südliche Tracht ist auf verhältnismäßig kurzem Transportweg durch Flüsse von Süden her ins Vorland geschüttet

Tab. 1. Kiessandlagerstätten der Bezirke Cottbus, Frankfurt, Potsdam (Schema analog J. POMPER & R. RUSKE 1958)

Geologischer Bereich	Entstehungszeit und -art	Lagerung	positive und negative Merkmale	Lagerstättenbeispiele
1. Flußniederungen	Holozän, fluviatil (Altwasserbögen)	ungestört, im Grundwasser	ausgedehnte Lagerstätten, geringer Abraum, ca. 10 m gröberes Material; gelegentlich Auftreten von tonigen und humosen Komponenten (Braunkohle). Betonkies nach Aufbereitung	Prettin a. d. Elbe
2. Talsandbereiche	Pleistozän, glazifluviatil (Schmelzwasserablagerungen)	ungestört, meist im Wasser	große Lagerstätten mit 5–10 m Material, abschlämmbare und humose Bestandteile z. T. über zulässiger Grenze, wechselnd körniges Material. Nach Aufbereitung meist Betonsand, evtl. Betonkies	Bralitz/Hohensaaten a. d. Oder, Eisenhüttenstadt, Niederfinow, Jamno b. Forst, Wittbrietzen b. Treuenbrietzen
3. Hochflächen	Pleistozän, fluviatil (glazifluviatil)	geringe glazigene Störungen möglich, meist über Grundwasser	nach Größe, Mächtigkeit und Qualität wechselnd, häufig schluffig/tonig durchsetzt. Nach Aufbereitung Betonsand, nur z.T. Betonkies, vor allem am Hochflächenrand	Koschendorf b. Cottbus, Bestensee b. Berlin
4. Endmoränenbereiche	Pleistozän, glazifluviatil (Os, Sander, Kames)	± glazigen gestört, über Grundwasser	unregelmäßig begrenzte kleinere Lagerstätten mit unterschiedlicher Mächtigkeit, Lagerung und Qualität; durch Moränenreste häufig lehmig verunreinigt Gewinnung von Betonsand – Betonkies nach Aufbereitung nur in einigen Lagerstätten möglich	Scharfenberg b. Wittstock, Halbendorf b. Weißwasser
5. Braunkohlengebiete	Pliozän/Miozän, fluviatil	wechselnd	mittelgroße Lagerstätten mit unterschiedlich mächtigem Abraum; südliche Tracht des Rohmaterials häufig tonig durchsetzt. Nach Aufbereitung Betonsand (Betonkies), z. T. Sondergewinnung in Braunkohlentagebauen	Tertiärhochflächen der südlichen und mittleren Niederlausitz

Hinsichtlich der geologischen Bereiche und der Entstehungsart bestehen zwischen 1–3 sowie 3 und 4 fließende Übergänge, so daß die Zuordnung gewisser Lagerstätten in obiges Schema nicht eindeutig ist. Die Bereiche 1–2 liegen in Niederungen, alle übrigen auf Hochflächen.

worden. Ihr Streubereich ist demzufolge bedeutend geringer als der nordische und im wesentlichen auf den Bezirk Cottbus beschränkt.

Da das Alter der Kiessandlagerstätten durch den Umlagerungsprozeß bestimmt ist, weist unser Bereich nur junge nutzbare Kiesvorkommen auf (Holozän bis Jungtertiär). Vorkommen aus älteren Zeiten sind in größeren Tiefen vorhanden, werden aber in dieser lagerstättenkundlichen Betrachtung nicht berücksichtigt. Die Mehrzahl der Lagerstätten gehört ins Pleistozän (vgl.Tab. 1).

Die Kenntnis der geologischen Situation gibt Hinweise für das Aufsuchen von Kiessandlagerstätten. In unserer mehrjährigen Erkundungspraxis wurden generell die besten Ergebnisse in den Niederungsbereichen 1 und 2 erzielt, weil hier Kiessande über größere horizontale und vertikale Erstreckung in brauchbarer Qualität auftreten. In den übrigen Lagerstättenbereichen werden diese Bedingungen nicht mehr allseitig erfüllt, vor allem ist die flächenmäßige Verbreitung eingeschränkt. Am ungünstigsten ist der Endmoränenbereich. Häufige Lagerungsstörungen und stärkere Verunreinigung des Materials durch Lehm und Ton sind die Kennzeichen solcher Kiessandvorkommen.

Allerdings liegen die als günstig bezeichneten Kiessandlagerstätten der Niederungsbereiche meist im Grundwasser. Das erschwert jedoch, abgesehen von Hochwassergefährdung, beim Stand der heutigen Abbautechnologie keineswegs die Nutzung des Rohmaterials. Gewinnung aus dem Wasser verschlechtert die Qualität des Materials nicht. Deshalb braucht das Grundwasser, wie es z. B. bei Tonlagerstätten erforderlich ist, nicht abgesenkt zu werden, sofern nur für den Bagger eine trockene Arbeitsebene angelegt werden kann. Dann allerdings sollte das Material in einem Schnitt gewonnen werden.

So wird z. B. in den Gruben Bestensee und Kleinbeuthen (südlich Berlin) sowie Eisenhüttenstadt mit Erfolg abgebaut. Kann diese Bedingung nicht erfüllt werden, so sind Schwimm- und Saugbagger (Kiespumpe) einzusetzen, wie es z. B. in Zescha bei Bautzen oder beim Abbau der Muldenkiese im Raum Düben—Eilenburg geschieht (J. POMPER & R. RUSKE 1958), aber unseres Wissens in den Bezirken Potsdam, Frankfurt und Cottbus noch nicht versucht worden ist.

Lagerstättenbild und Rohstoff

Gemäß ihrer Entstehung im fließenden Wasser zeigen alle Kiessandlagerstätten eine ausgeprägte Schichtung mit körnungsmäßig verschiedenem Material. Feinere Sande wechseln mit kiesführenden Sanden, sandigen Kiesen und Geröllagen ab. Reine Kies- und Geröllagen kommen in der Natur sehr selten vor. Fast immer ist eine Sandkomponente vertreten. Dieser charakteristische Wechsel feinerer und gröberer Schüttungen hängt nicht nur von der Nähe des Liefergebietes ab, sondern ebenso von der Transportkraft des fließenden Wassers bei der Umlagerung. Je kürzer der Transportweg und je stärker die Strömungsgeschwindigkeit des Wassers, desto gröber fällt das abgelagerte Material an. Das gilt nicht nur für den vertikalen, sondern auch für den seitlichen Wechsel des Materials. Der Stromstrich jedes

Abb. 3. Sieblinien Betonkies D–F nach DIN 1045 (Schalendurchmesser etwa 20 cm)

Abb. 4. Südostteil des Hornfelssteinbruchs auf dem Koschenberg bei Senftenberg mit Terrassenabbau. Die Schichtflächen fallen steil nach Norden ein (phot. Nagler 1953)

bewegten Wassers weist das gröbere Korn auf, an den Ufern wird das feinere Material angehäuft. Auch diese „faziellen Verzahnungen" der Schichten nach der Seite sind typisch für Kiessandaufschlüsse und -lagerstätten.

Außer diesen primär durch die Ablagerungsverhältnisse bedingten Verschiedenheiten treten sekundäre Veränderungen im Lagerstättenbild auf. Hier ist vor allem die glazigene Dynamik zu erwähnen, wodurch auf älterpleistozänen Hochflächen und im Bereich der Eisrandlagen die Schichten gestaucht wurden.

Erkundung und Abbau solcher Lagerstätten sind schwierig, weil die Bohrungen in engem Netz niedergebracht werden müssen und die Vorräte infolge der geringen und unregelmäßigen Erstreckung der Lagerstätte bei wechselnder Mächtigkeit des Rohmaterials meist nur gering sind. Diese Nachteile entfallen, soweit nur körnungsmäßig brauchbares Material vorhanden ist, in den ungestörten Lagerstätten der Niederungsgebiete weitgehend.

An den Rohstoff Betonzuschlag werden hohe Anforderungen gestellt. Der durch Körnungsanalyse nach DIN 1045 festgestellte Sieblinienbereich ist entscheidend für die Verwendung des Kiessandes als Betonsand (Sieblinie A—C) oder Betonkies (Sieblinie D—F, vgl. Abb. 3). Da das analysierte Kiessandmaterial in den wenigsten Fällen den idealen Sieblinien entspricht, gibt die Analyse zugleich Vorschläge für die Korrektur des Kornaufbaus. In den erkundeten Lagerstätten unseres Bereichs ist zumeist der stärkere Anteil von Feinkorn auf ein zulässiges Maß abzusieben und das zu schwach vertretene Grobkorn durch Splitten des Überkorns oder durch Zusatz von Fremdsplitt aufzubessern.

Deshalb sind in der Übersicht der Abb. 2 auch die Schotter- und Splittvorkommen als Ergänzungslagerstätten aufgeführt. Günstig ist die Situation im Bezirk Cottbus, wo das an und für sich gröbere Kiessandmaterial durch Splittbezug aus den Werken Koschen, Schwarzkollm, Dubring und Großthiemig, die sämtlich paläozoische/algonkische Grauwacken und Hornfelse des heraustauchenden Lausitzer Massivs abbauen und brechen, noch weiter zu Betonkies verbessert werden kann (Abb. 4). Die Lage ist weniger günstig in den nördlichen Gebieten, wo nur das Schotterwerk Althüttendorf bei Joachimsthal aus Blockpackungen des Pommerschen Endmoränenbogens Splitt erzeugt. Deshalb sollte in den Kiesgruben der Bezirke Frankfurt und Potsdam reichlicher anfallendes Überkorn (Steine und Blöcke) durch kleinere Brechanlagen gesplittet werden (Abb. 5). Ansonsten ist Fremdbezug von Splitt für die Kies- und Betonwerke notwendig.

Als schädliche Bestandteile in den Kiessandlagerstätten der drei Bezirke haben sich vor allem Ton- und Lehmgerölle, -schmitzen oder -lagen erwiesen. Sie können ein an und für sich körnungsmäßig brauchbares Material bei stärkerer Durchsetzung oder in fester Haftung als Überzug des Einzelkorns unbauwürdig machen. Bei feiner Verteilung gelingt die Entfernung durch Wäsche des Rohmaterials. Solche störenden Elemente sind in den tertiären Kiessanden der Niederlausitz besonders Fragmente des unterlagernden miozänen Flaschentons, in den nördlichen Gebieten Lagen von Geschiebemergel oder Bändertonmergel.

Nicht minder gefährlich sind die humosen Bestandteile der Kiessandlagerstätten. Durch die Erosion aufgearbeitetes Miozän in Form von Braunkohlenxyliten findet sich häufig im unteren Teil der Kiessandlagerstätten des gesamten Bereiches. Derartige Schichten machen das Rohmaterial unbrauchbar.

Durchsetzen kohlige Bestandteile über das zulässige Maß unhorizontiert die Gesamtlagerstätte, macht allenfalls ein Waschprozeß das Rohmaterial für die Betonindustrie zur Herstellung minderer Erzeugnisse (Beton 50—160) noch verwertbar; hierbei sind laufende Betonprüfungen durch die Ämter für Material- und Warenprüfung (DAMW) geboten.

Abb. 5. Talsandaufschluß Hohensaaten a. d. Oder mit brauchbarem Kiessandmaterial. Durch Brechen der Blöcke könnte das Material der sonst sauber angelegten Privatgrube verbessert werden

Die bezirklichen Perspektiven

Bereits in den vorhergehenden Abschnitten sind die bezirklichen Perspektiven angedeutet worden. Der Bedarf an hochwertigen Betonzuschlagstoffen ist ein wesentlicher Programmpunkt bei der Ausarbeitung der Bezirksökonomik, wobei nach dem heutigen Stand des Bauwesens die Anforderungen an Rohstoff und Lagerstättengröße steigen.

Wenn H. MARR (1959) die Nutzung der überall vorhandenen örtlichen Reserven wegen des kurzen Antransportes empfiehlt, so ist das begrüßenswert, aber für Betonzuschlagstoffe, wie weiterhin darzulegen ist, nur bedingt gültig. H. SUTTER (1960) und H. SALING (1958) verlangen mit Recht, hochwertige Kiesvorkommen überbezirklich zu nutzen, zumal für den Berliner Raum, dessen Kiesversorgung aus Lagerstätten der Umgebung unbefriedigend ist.

Nun gilt es, nicht nur brauchbare Rohstoffe durch Abbau und Aufbereitung zu gewinnen, sie müssen auch in abbauwürdiger Position in den Lagerstätten vorhanden sein. Nach unseren Erfahrungen sollte das Verhältnis Abraum: Kiessand den Wert 1:2 nicht überschreiten. Im allgemeinen können 3 m Abraum bei einer 5—10 m mächtigen Lagerstätte noch in Kauf genommen werden, wünschenswerter ist geringster Abraum (1—2 m).

Die zahlreichen kleinen Kiesgruben, auf denen meist private Kies- und Betonkleinbetriebe für örtlichen Bedarf oder für spezielle Verwendungszwecke den Betonzuschlagstoff gewinnen, können nur dann rentabel arbeiten, wenn das Material praktisch an der Oberfläche ansteht, mit kleinen Abbaugeräten evtl. in mehreren Schnitten gefördert und eine notwendige Aufbereitung des Rohgutes nicht allzu kostspielig wird.

Für die bezirkliche Perspektive mit ihren großen Wohn- und Industriebauvorhaben sind diese Kapazitäten unzulänglich. Die Planung projektiert heute Werke mit 250000, 500000 und 1000000 jato Kiesdurchsatz und ausreichend vorhandenen Aufbereitungsanlagen. Bei 30jähriger Amortisation dieser Investvorhaben entsprechen nur große Lagerstätten mit mehreren Mill. Tonnen Kiessandvorräten dieser Perspektive. Sie liegen, wie nachstehend an Einzelbeispielen der Bezirke dargestellt wird, in den Niederungsbereichen der Flüsse und Talsande.

1. (Prettin/Kr. Jessen): Erkundung 1960 begonnen. Fortsetzung 1961 nach Norden.

Lagerstättenbild: Holozäne Elbeschotter in Altwasserbögen bei hohem Grundwasserstand (2 m unter Flur). Durchschnittlicher Abraum 1—2 m (Aulehm), Rohmaterial 10—12 m, bisher auf ca. 10 km² bauwürdig in drei Teillagerstätten.

Bemusterung: Durch Zentrallabor Staatl. Geol. Komm. und DAMW, Berlin. Nach Aufbereitung (Absiebung des Feinkorns, evtl. Aufsplittung) Betonkies, Sieblinie E—F, Gehalt an Abschlämmbarem unbedenklich, humose Bestandteile (Braunkohle) z. T. etwas über zulässiger Grenze.

Wirtschaftliches: Günstige Verkehrslage für Bahn- und Schifftransport. Bezirk Cottbus hat Aufschluß der erkundeten Lagerstätten Koschendorf, Jamno, Bernsdorf sowie Elsterwerda—Haida zurückgestellt zugunsten von Prettin. Kieswerk mit 400000 jato projektiert. Abbau begonnen, aber mit unzulänglichen Fördergeräten. Prettin soll Bedarf des Bezirkes Cottbus für große Industrie- und Wohnbauvorhaben decken, außerdem ist Export in andere Bezirke (vor allem Potsdam) auf Wasserweg vorgesehen.

2. Eisenhüttenstadt: Erkundung 1959, 1960 und 1961

Lagerstättenbild: Talsande und -kiese in ebener Lagerung am westlichen Rand des Berliner Urstromtals, mit Schluffbrocken und Xyliten im Liegendteil durchsetzt. Lagerstätte meist im Grundwasser. Durchschnittlicher Abraum 1,5—2,0 m, Rohmaterial 6—7 m, Fläche der beiden Teillagerstätten östlich und westlich der Fernstraße Frankfurt—Wilhelm-Pieck-Stadt Guben ca. 80 ha, große Vorräte.

Bemusterung: Durch Zentrallabor der Staatl. Geol. Komm., Betonwerk Finkenheerd und DAMW. Betonsand bei Reduzierung der Kornklassen 0,2—1 mm, evtl. Betonkies durch Splittzusatz (Brechen des Überkorns). Betonfestigkeitsprüfung durch Kalk- und Zementwerk Rüdersdorf ergab Eignung für Beton 225.

Wirtschaftliches: Abbau für Wohnungs- und Industriebauvorhaben der Stadt Frankfurt. Gewinnung des Rohmaterials von trockenem Baggerplanum aus mit einem Schnitt im Wasser empfohlen. Lagerstättenabbau ist zu forcieren, bevor staatliche Kohlenindustrie das Feld Vogelsang—Eisenhüttenstadt aufschließt. Auch für das geplante Kies und Betonwerk des Eisenhüttenkombinats Ost wird diese nahe Lagerstätte genutzt werden; die vorgesehene Produktion von über B 300 verlangt jedoch stärkeren Splittzusatz.

3. Wittbrietzen b. Treuenbrietzen

Lagerstättenbild: Schmelzwassersande und -kiese im Talsandbereich des Baruther Urstromtals, zuunterst mit Braunkohlen- und Schluffbrocken (Geschiebemergel) durchsetzt. Unter durchschnittlich 1 m Abraum etwa 5 m Rohmaterial, Mächtigkeiten allerdings wechselnd durch welliges Grundrelief. Fläche 60—70 ha mit größeren Vorräten Kiessand, meist im Grundwasser.

Bemusterung: Durch Zentrallabor Staatl. Geol. Komm. Als Betonsand nach sorgfältiger Absiebung des Feinkorns zu verwenden, evtl. bei Aufsplittung des Überkorns auch als Betonkies. Abschlämmbare Bestandteile nach Analyse unbedenklich, doch sollten große Xylit- und Schluffbrocken ausgelesen werden.

Wirtschaftliches: Abbau dieser bisher größten Lagerstätte des Bezirkes Potsdam hat begonnen. Grundwasserabsenkung kaum möglich und auch nicht notwendig, da Arbeitsebene über Grundwasser. Verkehrslage an Fernstraße Potsdam—Treuenbrietzen schafft gute Transportmöglichkeiten durch LKW zu bestehenden Betonwerken.

Bezirk Cottbus

Nach Vorräten, Materialbeschaffenheit und Transportlage stehen die Betonkieslagerstätten von Prettin in der Elbeniederung an erster Stelle, deren Fortsetzung nach Norden und Süden weiter untersucht wird. Zur Zeit zeichnen sich im Raum Mühlberg noch günstigere Ergebnisse ab, im Raum Gehmen etwas ungünstigere wegen unterschiedlicher Körnung. Aus diesen Lagerstätten kann der Bezirk bei großzügigem Einsatz von Gewinnungs- und Aufbereitungsanlagen mehrere Jahrzehnte den inner- und außerbezirklichen Bedarf decken.

Als Reserve bleiben die nachgewiesenen größeren Kiessandlagerstätten im Talsandgebiet oder am Hochflächenrand von Haida bei Elsterwerda, Schwarzkollm bei Hoyerswerda, Koschendorf bei Cottbus und Jamno bei Forst künftiger Nutzung vorbehalten. Ihr Material eignet sich vorwiegend für Betonsand, die Vorräte sind geringer als in Prettin, doch ist der Transportweg des Rohmaterials zu den Bauten der großen Industrieprojekte im Niederlausitzer Raum günstiger als von Prettin.

Für spätere Erkundung erscheint der Bereich des Lausitzer Urstromtals in Nähe des Lausitzer Massivs recht höffig, ebenso die saaleeiszeitliche Hochfläche um Finsterwalde und westlich Doberlug-Kirchhain. Schon jetzt sei auf kleine Aufschlüsse am südlichen und westlichen Rand des Lausitzer Urstromtals bei Würdenhain und Stolzenhain im Kreis Bad Liebenwerda hingewiesen, die nach Augenbefund und Analyse gutes Betonkiesmaterial oberflächennah angeschnitten haben.

Bezirk Frankfurt

Die größeren Kiessandvorkommen liegen auf Talsandterrassen des Berliner und Eberswalder Urstromtals im Osten des Bezirks. Am wertvollsten nach Vorratsgröße und Material sind die Lagerstätten von Bralitz und Hohensaaten im Kreis Freienwalde, deren Material aus der Pommerschen Eisrandlage stammt. Der Kiessand kann bequem auf dem Wasserweg zu den Bauvorhaben von Groß-Berlin und Schwedt verfrachtet werden. Zu empfehlen ist, für die Aufbereitung das stärker vertretene Überkorn zu brechen. Das Kieswerk Niederfinow bei Eberswalde verfügt zwar im westlich anschließenden Talbereich gemäß den Erkundungsergebnissen über gewisse Vorräte an Betonzuschlagstoffen; sie sind jedoch bei einer Kapazitätssteigerung des Werkes in absehbarer Zeit erschöpft und außerdem feinkörniger als in Bralitz und Hohensaaten. Für die Wohn- und Industriebauvorhaben der Stadt Frankfurt und Umgebung sind die erkundeten Lagerstätten von Eisenhüttenstadt im Talsandgebiet des Berliner Urstromtales nach Größe und Material nutzungswürdig. Zur Herstellung hochwertigen Betons sind Waschanlagen wegen des z. T. bedeutenden Gehaltes an humosen Bestandteilen (Xyliten) zu empfehlen.

Weitere Lagerstätten aufzusuchen, ist nur im Ostteil des Eberswalder Urstromtals und seiner Nebenrinnen erfolgversprechend, hingegen kaum im Berliner Urstromtal nach Westen zu.

Bezirk Potsdam

Der Bedarf an Betonzuschlagstoffen für Wohn- und Straßenbauten (Autobahn Rostock) ist groß; er kann jedoch aus den bisher nachgewiesenen kleineren Lagerstätten in keiner Weise befriedigt werden. Von elf angesetzten Erkundungsobjekten blieben vier ohne Lagerstättennachweis, die restlichen wiesen meist kleine Lagerstätten nach. Größere Mengen Betonsand/kies finden sich allenfalls in den Lagerstätten Schünow (Kr. Zossen) und Wittbrietzen bei Treuenbrietzen. Der Aufschluß der Lagerstätte Schünow ist bei zusitzenden Wässern und stärkerem Abraum sehr schwierig; günstiger ist, wie dargestellt wurde, die großflächige Lagerstätte von Wittbrietzen abzubauen. Weitere Perspektiven der Erkundung sind z. Z. nicht gegeben.

Fassen wir noch einmal die Kiessandperspektiven der einzelnen Bezirke zusammen. Die nach Größe, Qualität und Lagerungsverhältnissen besten Kiessandlagerstätten liegen in den Niederungsgebieten (Abb. 2). Für den Bezirk Cottbus ist die Situation günstig; die Schüttungen aus den nahen südlichen Massiven und der saaleeiszeitlichen Endmoräne schufen vorwiegend im Lausitzer Urstromtal durch den Umlagerungsprozeß des fließenden Wassers recht brauchbare Lagerstätten. Das Berliner und das Eberswalder Urstromtal sind nur im östlichen Teil als kiessandhöffig zu bezeichnen; hier ist als Liefergebiet neben dem polnischen Raum besonders der markante Pommersche Endmoränenbogen anzusehen. Aus diesen Lagerstätten kann der Bezirk Frankfurt seinen Bedarf an Betonzuschlagstoffen decken. Weiter nach Westen zu, im Berliner Raum oder gar im Bezirk Potsdam, fehlen die Voraussetzungen für gute und große Lagerstätten; die Schüttungen aus den Endmoränenlagen sind in den Talsandgebieten feinkörniger und als hochwertiger Betonzuschlag kaum zu verwenden. Deshalb müssen vorerst die Betonzuschlagstoffe für die Bauvorhaben Groß-Berlins aus den Lagerstätten in Odernähe bezogen werden.

Schlußbemerkungen

Entschieden ist der irrigen Ansicht entgegenzutreten, daß brauchbare Lagerstätten mit Betonzuschlagstoffen überall anzutreffen wären. Kiessand als natürlicher Betonzuschlag ist ferner ein so diffiziler Rohstoff mit hohen Ansprüchen an Qualität, daß nur einwandfreier Abbau vertretbar erscheint.

Die Lagerstättenpflege ist keineswegs allerorten als gut zu bezeichnen. Neben vorbildlich angelegten Kiessandgruben, die durch gleichmäßigen und sauberen Abbau an längeren Strossen auffallen (Haida, Kirchhain, Hohensaaten), finden sich Gruben, in denen wilder Abbau durch jedermann zum Raubbau führt. Jede einheitliche Strossenanlage fehlt, an günstig erscheinenden Stellen ist horizontal und vertikal vorgetrieben worden. Zudem ist das körnungsmäßig für den jeweiligen Benutzer nicht brauchbare Material — meist das Überkorn — verworfen und nur in wenigen Fällen für spätere Nutzung gehaldet worden. Diese üblen Methoden der Kies- und Sandgewinnung sollten recht bald verschwinden.

Im Interesse unserer Wirtschaft wird die Anlage von Kiessandgruben vor allem dann ökonomisch richtig sein, wenn die Lagerstätte mit ihren Haupt- und Nebenkomponenten komplex genutzt, d. h. das gesamte Material gewonnen und im Betrieb für die verschiedenen Zwecke (Mauer- und Putzsand, Filterkies, Gebläsesand, Betonsand, Betonkies u. a.) abgesiebt wird. So wird z. B. in den Kieswerken Kirchhain-Hennersdorf und Haida bei Elsterwerda schon seit langem gearbeitet.

Inwieweit wertvolle Kieslagerstätten im Abraum der Niederlausitzer Braunkohlentagebaue gesondert zu gewinnen sind, wenn der Vorschnitt günstige technische Möglichkeiten ergibt, dürfte künftig von der Staatlichen Plankommission nach Rücksprachen mit der Braunkohlen- und Betonindustrie sowie den Bezirken festzulegen sein. Im mitteldeutschen Raum sind in dieser Beziehung Koordinierungsbesprechungen erfolgreich gewesen (R. Hohl 1958, D. Händel 1960).

Zusammenfassung

Der Aufwand an geologischer Erkundung für den Rohstoff Kiessand ist in den letzten fünf Jahren entsprechend den wirtschaftlichen Forderungen angestiegen und übertrifft z. Z. den Aufwand für Tonerkundung. Nach Größe, Qualität und Lagerungsverhältnissen brauchbare Kiessandlagerstätten wurden besonders in Niederungen der Flüsse und der Talsande gefunden, deren Material aus den südlichen Massiven und (oder) den markanten Endmoränenbögen des Inlandeises durch das fließende Wasser umgelagert wurde.

Aus dem allgemeinen Lagerstättenbild der Kiessandaufschlüsse mit feiner- und gröberkörnigen Schichten sowie schädlichen Einlagerungen (Ton und Xyliten) ergeben sich gewisse Forderungen für die Aufbereitung des Rohmaterials zur Herstellung brauchbarer Betonzuschlagstoffe. Allgemein und an Einzelbeispielen werden die Abbau- und Erkundungsperspektiven der Bezirke dargestellt, wobei abschließend auf die Lagerstättenpflege durch optimale Nutzung des Rohmaterials hingewiesen wird.

Резюме

В зависимости от требований народного хозяйства, в прошедшем пятилетии были повышены затраты для геологической разведки сырья гравиевый песок; эти затраты в настоящее время превышают затраты для разведки глины. Пригодные по размерам, качеству и условиям залегания месторождения гравиевого песка были открыты особенно в низменностях рек и долинных песков, материал которых отлагался текучей водой из южных массивов и (или) из характерного для конечных морен континентального льда.

На основании общей картины обнажений гравиевого песка с более мелкозернистыми и более крупнозернистыми отложениями, а также вредными прослойками (глинами и ксилитами) получаются определенные требования к обогащению сырого материала для производства заполнителей бетона. В общих чертах и на отдельных примерах автор излагал перспективы разработки и разведки гравиевого песка в упомянутых округах, причем он указал на охрану месторождений путем оптимального освоения сырого материала.

Summary

In conformity with economic needs the expenditure of geological reconnaissance on the raw material gravel sand has increased within the last five years and, for the time being, exceeds the reconnaissance expended on clay. Gravel sand deposits workable with regard to size, quality and mutual relations have been particularly found in the low grounds of rivers and valley sands, whose material has been shifted by running water from the southern massifs and/or marked end moraine arcs of the inland ice.

From the general picture of deposits of the gravel sand exposures showing finer and coarser grained beds as well as noxious intercalations (clay and xylites), certain requirements follow for the preparation of the raw material when manufacturing useful concrete aggregates. Working and reconnaissance perspectives existing in the districts are illustrated in general and by means of individual examples. Final remarks deal with the protection of deposits by optimum utilization of the raw material.

Literatur

HÄNDEL, D.: Die Betonkieslagerstätte Borna-Ost. eine Lagerstätte im Abraum der Braunkohle. – Z. angew. Geol., 6, S. 549–553 (1960).

HOHL, R.: Die Braunkohlenerkundung in Nordwestsachsen. – Z. angew. Geol., 4, S. 27–33 (1958).

KEILHACK, K.: Geologische Karte der Provinz Brandenburg 1:500000. – Berlin 1921.

MARR, H.: Örtliche Baustoffreserven nutzen. – Baustoffindustrie, 2, S. 109–110 (1959).

MENDE, H.: Betonwerke für die Plattenbauweise. – Baustoffindustrie, 3, S. 10–13 (1960).

POMPER, J. & R. RUSKE: Erkundung von Kieslagerstätten im mitteldeutschen Raum. – Z. angew. Geol., 4, S. 570–576 (1958).

SALING, H.: Mehr Kies für Berlins Baustellen. – Baustoffindustrie, 1, S. 157, 175 (1958).

SUTTER, H.: Das große Problem – normengerechter Kies. – Baustoffindustrie, 3, S. 72–73 (1960).

WOLDSTEDT, P.: Geologisch-morphologische Übersichtskarte des norddeutschen Vereisungsgebietes 1:1 500 000. – Berlin 1935.

Außerdem zahlreiche unveröffentlichte Erkundungsberichte aus dem Archiv des ehem. Geologischen Dienstes Mitte.

Eignungsuntersuchungen von Tonen

RICHARD KÖHLER, Berlin

I. Vorbemerkungen

In Heft 7/1958 dieser Zeitschrift hat Verfasser über die Mitarbeit des Erdbaulaboratoriums beim Baugeschehen berichtet. Das Erdbaulaboratorium arbeitet seit Jahren auch auf den Gebieten Steine und Erden, Bodengeologie und Hydrogeologie. Von besonderer Bedeutung sind vor allem Untersuchungen von Tonvorkommen der DDR auf technische Verwendungsmöglichkeit. Unberücksichtigt bleiben hierbei die keramischen Belange. Über bodenphysikalische bzw. bodenmechanische Untersuchungsmethoden und deren Beurteilung von Tonen für die Baupraxis oder für ingenieurgeologische Objekte wurde bereits früher (1958) berichtet.

Werden Tone als Dichtungsmaterial im Wasserbau verwendet, so genügen zu ihrer Bewertung im allgemeinen die üblichen Bodenkennwerte der Kornverteilung, der Plastizität, der Wasseraufnahmefähigkeit, der Wasserdurchlässigkeit, das Setzungsverhalten und die Scherfestigkeit. Die bodenphysikalischen und bodenmechanischen Eigenschaften dieser bindigen Erdarten treten für die Belange des Baugeschehens in den Vordergrund. Handelt es sich jedoch um die technische Verwendung von Tonen für Dickspülung, als Bindeton für Gießereizwecke oder als Ausgangsmaterial zur Herstellung hochaktiver Bleicherde, so müssen auch chemisch-physikalische bzw. kolloidchemische Faktoren berücksichtigt werden. Hier handelt es sich weitgehend darum, den Mineralaufbau des Tonkomplexes zu ermitteln, die Kationenabsättigung sowie die Umtauschkapazität festzustellen zusätzlich zu petrographisch-mineralogischen und röntgenologischen Spezialuntersuchungen.

Als Bindeton, als Spülton und für hochaktive Bleicherde werden hochquellfähige, thixotrope Tone ausgewählt. Die üblichen Tone in der DDR enthalten aber als Tonmineral im wesentlichen den wenig quellfähigen Kaolinit ($2SiO_2 \cdot Al_2O_3 \cdot 2H_2O$), man bezeichnet sie daher als Kaolintone. Diese sind gewöhnlich relativ schluffhaltig und feinsandig, besitzen nur ein geringes Quellvermögen und geringe Thixotropie. Für eine technische Verwendung im großen als Spülungston, Bindeton usw. sind sie meist nicht oder nur wenig geeignet. Sind im Tonkomplex neben Kaolinit auch höher quellfähige Tonminerale vom Typ des Nontronit, Beidellit oder Montmorillonit (Summenformel des Montmorillonits $Al_2O_3 \cdot 4SiO_2 \cdot H_2O + nH_2O$) vorhanden, so macht sich dies sofort im Quellverhalten, in der Thixotropie, der Wasseraufnahmefähigkeit und der Plastizität deutlich bemerkbar. Da in der DDR abbauwürdige, hochwertige, bentonitische Tonvorkommen, die Montmorillonit oder ein ähnliches Tonmineral in größerer Menge enthalten, nicht vorhanden sind, müssen für bestimmte technische Belange entsprechende Mengen von Bentonit eingeführt werden.

Um unnötige Importe zu vermeiden, lag der Gedanke nahe, Versuche zur Veredelung unserer einheimischen Tone durchzuführen, entweder durch chemische Aktivierung oder durch Aufbereitung im Hydrozyklon (1956). In dieser Arbeit zeigte Verf., wie die entscheidenden Bodenkennwerte eines reinen Kaolintones (Schletta) durch Klassierung, d. h. durch Aushaltung der im Rohkaolin vorhandenen sandigen Beimengungen, wesentlich verbessert werden konnten. Aus einem Rohkaolin, der als stark tonig-schluffiger Sand mit nur geringem plastischem, thixotropem und Quellverhalten anzusehen war, konnte durch Hydrozyklonaufbereitung ein stark schluffiger Ton mit hochplastischen Eigenschaften, deutlich erhöhter Wasseraufnahmefähigkeit, verbesserter Quellfähigkeit und Thixotropie erhalten werden. Die Verwendungsmöglichkeiten für technische Belange wurden somit allein durch diese rein mechanische Behandlung des Rohtones entscheidend beeinflußt.

Jedoch läßt sich nicht jeder Kaolinton veredeln. Für eine Veredlung ist vor allem ein entsprechender Mineralaufbau des Tonkomplexes sowie eine bestimmte Umtauschkapazität Voraussetzung. Es lohnt sich aber durchaus, unsere Tonvorkommen in dieser Hinsicht zu untersuchen, um festzustellen, welche Tone für die angegebenen technischen Verwendungsmöglichkeiten ausscheiden und bei welchen Tonvorkommen es sich lohnt, größere Versuche in der Praxis durchzuführen. Im Laufe der vergangenen Jahre konnten im Erdbaulaboratorium der Staatlichen Geologischen Kommission mehr als 70 verschiedene Tonvorkommen der DDR in dieser Hinsicht untersucht werden[1]).

[1]) Eine Zusammenstellung der Ergebnisse dieser Untersuchungen in knapper Form mit den wichtigsten Bodenkennwerten sowie eine allgemeine Beurteilung der Eignung befinden sich im Archiv des Zentralen Geologischen Instituts, Abschriften im Institut für angewandte Mineralogie Dresden, beim VEB Geologische Bohrungen und Ausrüstungen Aschersleben sowie beim VEB Erdöl und Erdgas Kombinat, Gommern. Es ist beabsichtigt, in einer späteren Arbeit auf die besonderen bodenphysikalischen Untersuchungsergebnisse bestimmter Tonvorkommen der DDR im Hinblick auf ihre Eignung für gewisse technische Verwendungszwecke und auch auf die Möglichkeit einer Veredlung gesondert hinzuweisen. Man wird sich dann in vielen Fällen bereits von vornherein entscheiden können, ob sich bei einem bestimmten Tonvorkommen Veredlungsversuche rechtfertigen lassen.

II. Untersuchungsmethoden

Für die Beurteilung von Tonen für technische Zwecke, abgesehen von der Keramik, werden im allgemeinen nachstehende Untersuchungen durchgeführt bzw. folgende Kennwerte ermittelt: mechanische Analyse (Kornaufbau), Azidität, spezifisches Gewicht (Wichte), Gehalt an kohlensaurem Kalk und organischer Substanz (Humus), Wasseraufnahmefähigkeit (Enslinwert), Plastizitätsgrenzen nach Atterberg (Fließ- und Ausrollgrenze), Quellverhalten und Thixotropie. Hinzu kommen für bestimmte Zwecke die Gasdurchlässigkeit, Druck- und Scherfestigkeit für die Verwendungsmöglichkeit als Bindeton für Formsande, die Kationenabsättigung bzw. die Umtauschkapazität (besonders für bodengeologische Belange), Bestimmung der Viskosität, Wasserabgabe und Krustenbildung usw. zur Beurteilung der Spülungseignung.

Die erstgenannten, üblichen Untersuchungsmethoden wurden bereits ausführlich in der erwähnten früheren Arbeit (1958) besprochen, so daß hierzu nur noch einige Ergänzungen notwendig erscheinen. Die Ergebnisse der mechanischen Analyse für stark bindige Erdstoffe, reine Tone, insbesondere hochquellfähige Tone, befriedigen aus mancherlei Gründen nicht immer, abgesehen von den verschiedenen Methoden der Vorbereitung bzw. Aufbereitung der Proben. Gerade die Aufbereitung ist bei der Beurteilung von Tonen oft Anlaß von Schwierigkeiten, je nachdem, ob die Probe längere Zeit geweicht, geschüttelt, gekocht oder mit Chemikalien behandelt wurde. Die Beigabe bestimmter Chemikalien zum Dispersionsmittel, um ein Koagulieren während der Sedimentation zu vermeiden, führt zuweilen zu unerwünschten Quellerscheinungen, wodurch das Ergebnis wesentlich beeinflußt werden kann. Unser Laboratorium arbeitet folgendermaßen: 20 g des lufttrockenen Materials werden 24 Std. in dest. Wasser unter Zusatz von 25 ml 4%iger Natriumpyrophosphatlösung als Peptisationsmittel geweicht, die Aufschlämmung mehrfach mit dem Finger verrieben, die Suspension in ein größeres Becherglas übergeführt und das Ganze während 10 Min. noch im Elektromix verrührt. Die Sedimentation im Pipetteapparat nach Köhn[2]) erfolgt somit in einer 0,1%igen

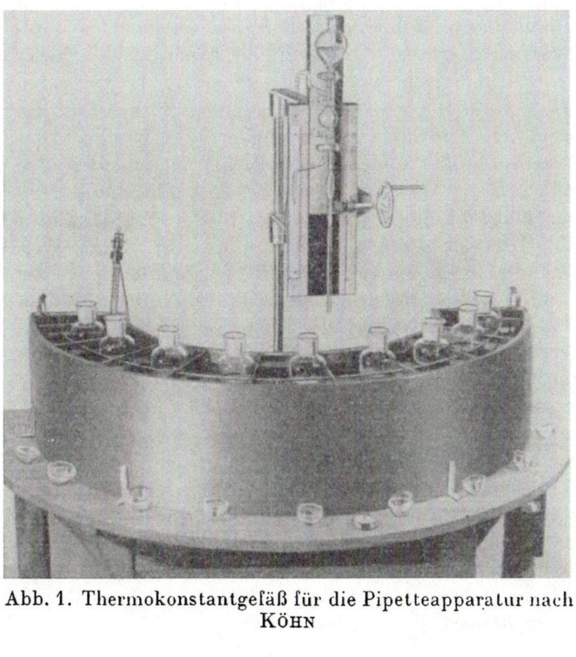

Abb. 1. Thermokonstantgefäß für die Pipetteapparatur nach Köhn

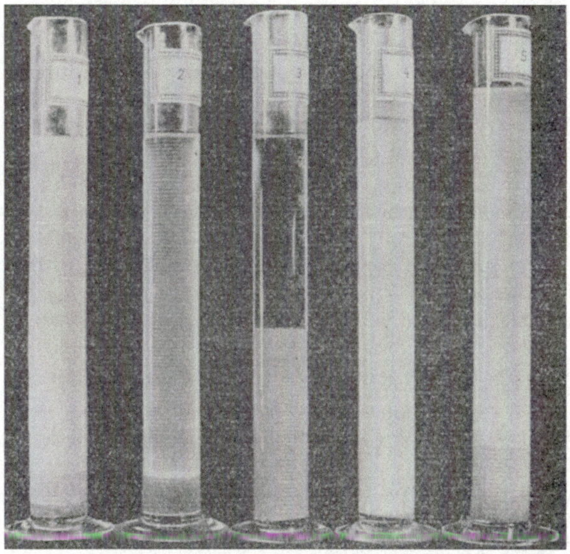

Abb. 2. Quellversuche nach zweitägigem Stehen in graduierten Meßzylindern (100 cm³)

1) Ziegelton Weißwasser (148/3): 10 g Einwaage; rd. 10 cm³ graubrauner Bodensatz, darüber bis 92 cm³ dickliche Quellung, bis 100 cm³, stark trübes Wasser.
2) Diabassteinmehl (120/1): 10 g Einwaage; bis 9 cm³ dunkler geschichteter Bodensatz, überstehende Flüssigkeit schwach trübe; keine eigentliche Quellung vorhanden.
3) Basalttuffzersatz Berzdorf (232/7): 10 g Einwaage; bis 50 cm³ einheitliche typische Quellung zäher Konsistenz (thixotrop), gelbbraun; überstehendes Wasser vollkommen klar.
4) Amerikanischer Bentonit (345/1): 5 g Einwaage; bis 100 cm³ typisches thixotropes Koagel, rahmfarben; kein Bodensatz.
5) Ton von Brandis (245/1): 10 g Einwaage; bis 20 cm³ deutlich dreischichtiger zuunterst dunkler, zuoberst gelbbrauner Bodensatz, darüber dünne Suspension, die obersten cm³ schwach trübe.

Lösung von Na-Pyrophosphat ($Na_4P_2O_7 \cdot 10\,H_2O$)[3]). Nur für spezielle Untersuchungen werden noch Vorversuche mit verschiedenen Peptisationsmitteln durchgeführt, um eine möglichst hohe und stabile Dispergierung der einzelnen diskreten Tonteilchen zu erzielen. Neuerdings läuft die Arbeit in Serien von 10 Versuchen in einem größeren thermokonstanten Gefäß, das bei 25°C ein schnelleres Arbeiten gestattet (Abb. 1). Es wurde im wesentlichen von Chem.-Ing. **Herzog** entwickelt. Die Korngrößenbestimmung wird im allgemeinen bis zu 2 μ durchgeführt. Diskrete Teilchen unter 1 μ zu bestimmen, erscheint nach unseren Erfahrungen wenig zuverlässig, ist auch im allgemeinen nicht erforderlich. Die Korngrößenzusammensetzung allein ist für einen bindigen Erdstoff nie ausschlaggebend, weil einmal in den sog. tonigen Anteilen unter 2 μ auch andere Gesteinskomponenten wie Quarz, Feldspat, Glimmer usw. in feinster Verteilung enthalten sind, zum anderen nicht allein der Mengenanteil unter 2 μ für das Gesamtverhalten eines bindigen Erdstoffes ausschlaggebend, sondern der Mineralaufbau des Tonkomplexes von ganz besonderer Bedeutung ist. Für die Untersuchung reiner und insbesondere hochplastischer, quellfähiger Tone wird vielfach die Feststellung genügen, ob nennenswerte Mengen schluffiger Bestandteile oder Anteile von Feinsand vorhanden sind. Das Gesamtverhalten eines Tones besonders zu Wasser läßt sich aus anderen bodenphysikalischen Kennwerten einfacher und besser ableiten (Plastizität, Quellverhalten, Thixotropie, Enslinwert usw.).

Beim Vergleich zweier Tone weist häufig derjenige die günstigsten technischen Eigenschaften auf, der nach der

[2]) Nach Untersuchungen v. G. Becher (1959) kann die Pipetteanalyse nach Köhn auch heute noch als durchaus aktuell angesehen werden.

[3]) Für 10 cm³ entnommener Suspension werden nach dem Abdampfen des Wägeschälchens 0,01 g in Abzug gebracht.

Kornverteilung einen geringen Gehalt an eigentlich bindigen Feinstanteilen unter 2 μ erkennen läßt. Bekanntlich nähert man sich bei dispersen Aufteilungen unter 1 μ dem Gebiet der kolloiden Verteilung, wobei BROWNsche Molekularbewegungen die Sedimentation solch feinster Suspensionen beeinflussen.

Zur Ermittlung der Wasseraufnahmefähigkeit im Enslingerät genügt hier der Hinweis auf ein von K. H. NEFF (1959) etwas abgeändertes Enslingerät. Wir haben mit einem ebensolchen eine Reihe von parallelen Vergleichsuntersuchungen zwischen diesem neuen und dem alten Enslingerät mit gleichen und veränderten Materialmengen durchgeführt. Über diese Untersuchungen wurde kürzlich berichtet.

Zur Ermittlung organischer Bestandteile eines Erdstoffes wurde bisher zumeist die sog. FINKENER-Methode angewandt. Nach Zersetzung mit Chromschwefelsäure (2 Tage bei gewöhnlicher Temperatur) wird schließlich durch Erhitzen bis zum Kochen die entstehende Kohlensäure (CO_2) in Kalilauge aufgefangen, ausgewogen und mit einem empirischen Faktor (x 0,471) auf Humus umgerechnet. Für Serienanalysen ist dieses gravimetrische Verfahren reichlich umständlich und langwierig. Seit einiger Zeit benutzen wir auf Grund von zahlreichen Vergleichsuntersuchungen zur Bestimmung der organischen Gemengteile eine kolorimetrische Methode. Chromschwefelsäure wirkt auf die organischen Bestandteile des Bodens oxydierend, wobei eine Reduktion der roten Cr_2O_7-Ionen in grüne Cr(III)-Ionen eintritt. Die Messung selbst erfolgt im PULFRICH-Photometer gegen eine Vergleichslösung, wobei die störende rote Bichromatfärbung durch ein geeignetes Spektralfilter ausgeschaltet wird. Für die Ermittlung des Gehaltes an organischen Bestandteilen wurde eine Eichkurve aufgestellt.

Die Thixotropie ist eine Erscheinung, die zuerst an kolloiddispersen Zweiphasensystemen beobachtet wurde. Darunter versteht man, kurz gesagt, die Fähigkeit einer Gel-Sol-Umwandlung, die beliebig oft wiederholt werden kann. Sie verläuft ohne nennenswerte thermische Effekte reversibel und kann allein schon durch mechanische Beanspruchung ausgelöst werden.

Eine Aufschlämmung von Ton in Wasser versteift beim ruhigen Stehen zu einem thixotropen Koagel, das sich durch Schütteln, Klopfen oder Rütteln wieder zu einem Sol verflüssigen läßt. In der Ruhe tritt wiederum eine allmähliche Versteifung ein (KÖHLER 1957). Der zur Beurteilung der thixotropen Eigenschaften eines Tones verwendete thixotrope Grenzwert N stellt das Verhältnis des Flüssigkeitvolumens zum Festvolumen im thixotrop erstarrten Koagel nach einer Erstarrungszeit von einer Minute dar. Je höher dieser thixotrope Grenzwert ist, desto mehr Wasser wird von einer bestimmten Menge des Tones gebunden, und zwar über den Bereich des Wassergehaltes der Fließgrenze hinaus, um gerade noch im Zustand der Ruhe ein versteiftes Koagel zu bilden. Über den Grad der eingetretenen thixotropen Versteifung selbst wird jedoch hier nichts ausgesagt. Für diese thixotropen Erscheinungen sind als Faktoren von wesentlichem Einfluß vor allem die Art des verwendeten Tonminerals, seine Dispersität, die Art und Menge der vom Tonkomplex austauschfähig gebundenen Kationen und das Dispersionsmittel. Recht geringe thixotrope Grenzwerte, etwa bis 6, zeigen die wenig quellfähigen Kaolintone. Gut quellfähige Tone mit deutlichen Beimengungen hochquellfähiger Tonminerale zeigen Grenzwerte bis N = 10 oder 12. Reine Bentonite weisen thixotrope Grenzwerte zum Teil über 20 auf. Die thixotropen Eigenschaften verschiedener Tone lassen sich durch die Zugabe bestimmter Elektrolyte verschiedener Konzentrationen teilweise recht günstig beeinflussen. Hierbei können beträchtliche Erhöhungen des thixotropen Grenzwertes erzielt werden. Unsere Versuche erstreben solche Verbesserungen der physikalisch-chemischen Eigenschaften der Tone mit verschieden konzentrierten Lösungen von Soda, Lithiumkarbonat und Ammoniumchlorid.

Eine wichtige Eigenschaft bindiger Erdstoffe, im wesentlichen gebunden an den Tonbestandteil, ist das Quellvermögen. Bei diesen Quellversuchen wird zunächst das Schüttvolumen des lufttrockenen Tonpulvers lockerer Lagerung für 10 g ermittelt. Als Ausgangsmaterial für alle diese bodenphysikalischen Untersuchungen dient, abgesehen von der Kornverteilung, das in der Schlagkreuz- oder Schlagscheibenmühle bis unter 0,25 mm zerkleinerte lufttrockene Tonpulver. Die Quellversuche laufen mit destilliertem Wasser unter Zugabe von 2 und 4% Soda sowie 4% Ammoniumchlorid ab. Die nach bestimmten Verfahren aufbereiteten Suspensionen werden in graduierte 100-cm³-Standzylinder übergeführt, bis auf 100 cm³ aufgefüllt und das Verhalten der Suspensionen beim Stehen beobachtet. Beurteilt wird die Konsistenz (dicklich, dick, zäh, thixotrop) sowie das Volumen der gequollenen Phase, welch letzteres im Verhältnis zum ursprünglichen Schüttvolumen angegeben wird. Bei wenig quellfähigen Erdstoffen kommt es vielfach nur zur Ausbildung stabiler Suspensionen „dicklicher" Beschaffenheit bei gleichzeitiger Ausbildung eines typischen Bodensatzes. Die Beurteilung wird nach zweitägigem Stehen der Suspensionen gegeben. Die Schlußablesung erfolgt nach 10 Tagen.

Um auch auf anderer Basis als durch die Einwirkung von Elektrolyten eine Verbesserung der Toneigenschaften zu erzielen, werden Veredlungsversuche durchgeführt. So gelingt es z. B., durch Aufbereitung besonders von schluffigen Tonen im Hydrozyklon, durch Abscheiden der gröberen, schluffigen und evtl. auch sandigen Beimengungen den Tonanteil zu erhöhen und damit zusammenhängend die Eigenschaften des klassierten Materials zu verbessern (KÖHLER 1956). Eine gewisse Schwierigkeit bildet das Vorliegen solcher im Hydrozyklon aufbereiteten Tonprodukte in wäßriger Suspension. Die Frage des Einengens und besonders das Trocknen des Tones im größeren Maßstab ist bisher noch nicht restlos gelöst. Es ist bekannt, daß die Dispersitätserhöhung eines Materials die Oberflächenkräfte sehr stark ansteigen läßt. Hiervon ausgehend laufen Versuche, durch weitgehende Zerkleinerung trockener Tonpulver in einer Kolloidmühle (Schwingmühle, Vibration) auch auf diese Art die Eigenschaften der Tone zu beeinflussen. In gleicher Richtung liegen die Versuche, durch Aufbereitung von Tonsuspensionen im Ultraschallgerät unter verschiedenen Bedingungen (Veränderung der Azidität, der Konzentration, der Beschallungszeit und Intensität usw.) die physikalischen Eigenschaften der Tone für ihre technische Verwendung zu verbessern. Wiederholt wurden auch im Elektroschnelldialysator Entbasungsversuche an Tonen durchgeführt, um einen lediglich mit Wasserstoffionen abgesättigten Ton zu erhalten und dadurch weitere Kenntnisse über den Komplexaufbau der Tonminerale zu gewinnen.

III. Ziel weiterer Untersuchungen

Die generelle Untersuchung unserer Tonvorkommen, die abgebaut werden oder in der Erkundung stehen, ist von besonderem Wert. Aus den angegebenen bodenphysikalischen Kennwerten lassen sich bedeutsame Schlüsse ziehen: Welche Art Tonmaterial herrscht vor, handelt es sich um technisch verwendbares Material für Dickspülung, Bindeton für Formsande usw. Auch die Frage, ob größere, technische Versuche anzuraten sind hinsichtlich der Aktivierbarkeit, d. h. der Veredlung des natürlichen Tonminerals, läßt sich nach diesen bodenphysikalischen Kennwerten entscheiden. Die bereits seit Jahren in diesem Sinne laufenden Arbeiten des Erdbaulaboratoriums werden weitergeführt. Es erscheint jedoch geraten, zusätzlich zu den üblichen bodenphysikalischen Untersuchungen gleichzeitig noch Testversuche bezüglich der speziellen Verwendung eines bestimmten Tonmaterials als Bindeton für Formsande oder als Rohstoff für Dickspülung anzustellen. Für den ersten Fall kommen in Frage die Ermittlung der Gasdurchlässigkeit, Druck- und Scherfestigkeit nach Vermischung des lufttrockenen Tonpulvers mit geeigneten Mengen von Spergauer Sand und Wasser an grünen Formlingen mittels der Formsandprüfgeräte nach FISCHER. Für den zweiten Fall müßten zahlenmäßige Angaben über die Viskosität, die Wasserabgabe, die Stabilität sowie die Einwirkung von bestimmten Chemikalien auf entsprechende Tonsuspensionen erarbeitet werden.

Die jüngsten Erfolge der Erdölerkundung in der DDR haben die Notwendigkeit der Herstellung einer geeigneten Spezialtonspülung für Tiefbohrungen von 3000 bis 4000 Meter und mehr in den Vordergrund gerückt. Im Rahmen der Aufgaben des Zentralen Geologischen Instituts wird daher die Erkundung geeigneter Tonvorkommen in der DDR insbesondere für solche Zwecke in enger Zusammenarbeit mit dem VEB Erdöl und Erdgas Kombinat, Gommern, verstärkt in Angriff genommen. In Zukunft werden unsere Tonvorkommen komplex und nach einheitlichen Richtlinien untersucht. Neben der geschilderten, überwiegend bodenphysikalischen Untersuchung werden zusätzlich laufend röntgenographische und thermoanalytische Methoden zur Anwendung gelangen. So wird es möglich sein, neben einer Überprüfung der technischen Eignung auch andere wissenschaftliche Erkenntnisse hinsichtlich der Genese und der Fazies bestimmter Tonvorkommen zu erarbeiten. Damit wird auch die Frage der Veredlung geeigneter quellfähiger, thixotroper Tone stark in den Vordergrund treten.

Zusammenfassung

Für Zwecke der Dickspülung, als Bindeton für Formsande, zur Herstellung hochaktiver Bleicherde und für bestimmte bautechnische Belange wird der Bedarf an geeigneten quellfähigen, thixotropen Tonen immer größer. Gestiegen sind die Anforderungen der Verbraucher an die Tone. Neben rein bodenphysikalischen bzw. physikalisch-kolloidchemischen Untersuchungen müssen röntgenographische, mineralogisch-petrographische Verfahren, pollenanalytische und thermoanalytische Untersuchungen durchgeführt werden. Man wird künftig systematisch Untersuchungen anstellen, um geeignet erscheinende Tone zu veredeln, entweder auf chemischem Wege durch Ionenumbruch oder mechanisch durch Klassierung im Hydrozyklon. Die vorliegende Arbeit behandelt die wichtigsten bodenphysikalischen Untersuchungsmethoden wie mechanische Analyse, Ermittlung der Wasseraufnahmefähigkeit, der organischen Bestandteile, der Thixotropie (thixotroper Grenzwert), des Quellverhaltens usw. Besonders für die Erkundungsbohrungen auf Erdöl müssen im Gebiet der DDR größere Mengen brauchbarer Tone zur Verfügung gestellt werden. Es ist hierbei mit Bohrtiefen von 4000 m und mehr zu rechnen. Systematische Erkundung neuer Tonvorkommen und Überprüfung auf Ausdehnungsmöglichkeit bereits bekannter Vorkommen einschließlich umfassender komplexer Laboratoriumsuntersuchungen sind unbedingt zu empfehlen. Diese Untersuchungen müssen zweckmäßig nach festgelegten einheitlichen Richtlinien durchgeführt werden, um auf diese Weise Vergleichswerte zu erhalten.

Резюме

Непрерывно возрастает потребность в пригодных, способных к набуханию, тиксотропных глинах для целей густых растворов, в качестве связующей глины для формовочных песков, для производства высоко активной земли и для определенных нужд в строительной технике. Повысились также требования потребителей к качеству глин. Наряду с чисто почвенно-физическими или физико-коллоидно-химическими исследованиями должны быть проведены рентгенографические, минералого-петрографические, пыльцево-аналитические и термоаналитические исследования. В будущем будут проведены систематические исследования с целью обогащения пригодных глин, а именно, или химически, путем обмена ионов, или механически, путем классифицирования в гидроциклоне. Представленная работа трактует самые важные почвенно-физические методы исследования; как механический анализ, определение способности поглощения воды, установление органических составных частей, тиксотропии (тиксотропной предельной величины), поведение в отношении набухания и т. д. Особенно для разведочных скважин на нефть на территории ГДР должны быть предоставлены большие количества пригодных глин. При этом следует принимать во внимание глубины бурения до 4000 метров. Непременно следует рекомендовать систематическую разведку новых месторождений глин, а также проверку уже известных месторождений на возможность расширения, включительно комплексных лабораторных исследований. Эти исследования следует целесообразно провести по установленным единым инструкциям, чтобы получить таким образом сопоставляемые значения.

Summary

The demand for suitable, swellable, thixotropic clays steadily increases for drilling mud purposes, use as bonding clay for moulding sands, manufacture of highly activated bleaching earth, and particular building concerns. There was also an increase in users' requirements to be met with by clays and involving X-ray and mineralogical-petrographical methods, pollen and thermoanalytical investigations, in addition to purely soil physical and physical colloid-chemical studies. Henceforth systematic investigations will be made to improve suitable clays, either by chemical methods of ion transformation, or mechanically by classification in the hydrocyclone. The present paper deals with the most important soil physical methods of investigation, such as mechanical analysis, determination of water absorption, organic constituents, thixotropy (thixotropic limiting value), swelling behaviour, etc. In particular, major quantities of suitable clays must be available for petroleum reconnaissance drillings in the territory of the German Democratic Republic, where hole depths reaching 4,000 metres and more must be taken into account. By all means, systematic reconnaissance of new clay occurrences and revision of the possible extension of already known ones including comprehensive complex laboratory investigations are recommended. An appropriate procedure of conducting investigations by fixed standard directions is necessary to obtain comparative values.

Literatur

BECHER, G.: Genauigkeit gebräuchlicher Absetzanalysen. — Veröff. Forschungsanstalt für Schiffahrt, Wasser- und Grundbau, H. 7, Berlin 1959.

KÖHLER, R.: Tonveredlung durch Aufbereitung im Hydrozyklon. — Z. angew. Geol., **2**, S. 33–38, Berlin 1956.

— Gedanken zur Frage der Anwendung von Hydraten im Talsperrenbau. — Z. angew. Geol., **3**, S. 323–327, Berlin 1957.

— Aus dem Erdbaulaboratorium der Staatlichen Geologischen Kommission — „Mitarbeit beim Baugeschehen". — Z. angew. Geol., **4**, S. 337 bis 343, Berlin 1958.

SCHÜLLER, A. & R. KÖHLER: Petrographische und bodenphysikalische Untersuchungen des Basalt-Bentonit vom Steinberg bei Ostritz. — Geologie, **2**, S. 167–184, Berlin 1953.

NEFF, K. H.: Über die Messung der Wasseraufnahme ungleichförmiger bindiger anorganischer Bodenarten in einer neuen Ausführung des Enslingerätes. — Die Bautechnik, **36**, H. 11 (1959).

Charakterisierung der hydrogeologischen Verhältnisse bei der Vorratsberechnung mineralischer Rohstoffe

STANISLAV KLÍR, Prag

Alle Vorratsberechnungen mineralischer Rohstoffe sollen nach den Richtlinien der Kommission für die Klassifikation der Lagerstättenvorräte mineralischer Rohstoffe einen ausführlichen Bericht über die bei den geologischen Untersuchungsarbeiten festgestellten hydrogeologischen Verhältnisse enthalten.

Nach den Richtlinien über die Vorlage, den Inhalt und die Abfassung der Vorratsberechnungen mineralischer Rohstoffe sollen die Methodik, der Umfang und die Art hydrogeologischer Forschungen und Beobachtungen behandelt, außerdem die Grundwasserleiter und deren lithologische Zusammensetzung beschrieben sowie die Höhen der Grund- bzw. Druckwasserspiegel und die Durchlässigkeitswerte angegeben werden. Weiterhin sind noch die Zonen der möglichen Infiltration des Oberflächenwassers und der gegenseitigen Beeinflussung der einzelnen Grundwasserleiter der Lagerstätte abzugrenzen sowie deren Hangendes und Liegendes, der Schwimmsand, die Zusammensetzung und Qualität des Grundwassers zu beschreiben. Auch ist eine Bestimmung der Menge des möglichen Zuflusses von Untertagewässern beim Aufschließen der Lagerstätte und während ihres Abbaus nach der Entwässerung des „Alten Manns“, falls dieser in der Lagerstätte vorkommt, erforderlich. Diese Angaben sind durch Daten über die Wasserhebung in den benachbarten Bergwerken oder Brüchen zu ergänzen (vgl. Richtlinien der Kommission für die Klassifikation der Lagerstättenvorräte mineralischer Rohstoffe, Prag 1956). Die hydrogeologische Untersuchung einer Lagerstätte soll Hinweise auf die hydrogeologischen Verhältnisse beim Aufschließen, bei der Ausrichtung und beim Abbau der Lagerstätte geben, da bei der Untersuchung der Wirtschaftlichkeit des Abbaus auch die Grubenwasserhebung zu berücksichtigen ist.

Der Umfang der hydrogeologischen Untersuchungen ist vom Grad der geologischen Erkundung abhängig und muß mit der Klasse der Vorräte übereinstimmen. Bei der Übersichtserkundung sind die hydrogeologischen Verhältnisse zu charakterisieren, insbesondere die Art der Grundgewässer zu bestimmen. Bei der Vorerkundung ist diese Charakteristik durch geologische Beobachtungen zu ergänzen, bei der eingehenden Erkundung sind Detailkarten auszuarbeiten und die Gesetzmäßigkeiten der Bewegung der Grundgewässer zu belegen. Grundsätzlich ist jedoch zu sagen, daß aus jeder vorgelegten Beurteilung unter Berücksichtigung der Grund- und Grubenwasserverhältnisse die Bauwürdigkeit der Lagerstätte hervorgehen muß.

Die bis jetzt bei der Untersuchung der hydrogeologischen Verhältnisse der Lagerstätte für die Vorratsberechnung gewonnenen Kenntnisse zeigten, daß neben der Ermittlung der Zirkulation der Grundgewässer auch die hydrogeologische Bearbeitung geplant und ein Beobachtungs- und Meßdienst eingerichtet werden muß. Ausgehend von den Zirkulationsverhältnissen der Grundgewässer, sind sowohl im Umfang als auch im Inhalt unterschiedliche Berichte über Kluft-, Poren- und Karstwässer und die Zirkulationssysteme dieser Wässer der untersuchten Lagerstätten auszuarbeiten.

Die Einteilung der hydrogeologischen Charakteristik nach der Zirkulation der Grundgewässer resultiert aus der realen hydrogeologischen Situation der Lagerstätte und weist daher zahlreiche Vorteile gegenüber der bisherigen Schätzung der Hydrogeologie des Lagerstättengebietes auf. Am wichtigsten ist wohl, daß die Grundlage der vorgeschlagenen Einteilung das wirkliche Zirkulationssystem bildet und der Hydrogeologe daher gezwungen ist, vor allem das natürliche System der Untertagewässer zu studieren, und sich auf diesen Untersuchungsergebnissen dann die fachmännische Beurteilung für den Vortrieb von Grubenarbeiten und den Abbau der Lagerstätte gründet. Die Tatsache, daß der vorliegende Vorschlag des Verf. zuerst vom natürlichen Zirkulationssystem ausgeht und dessen Änderungen durch die bergmännischen Arbeiten berücksichtigt, verbürgt seine Realität und Sachlichkeit. Auch das konkrete methodische Herangehen, das keine schematische Bearbeitung aller jener hydrogeologischen Indikatoren erlaubt, die für die eigentliche Beurteilung nicht nötig sind, aber bei der Untersuchung großer Gebiete und großer Lagerstättenteile abgeleitet wurden, erfordert Genauigkeit.

Der vom Verf. vorgelegte Vorschlag berücksichtigt weiterhin die hydrogeologischen Verhältnisse in dem Maße, daß man entsprechend dem Fortschritt der hydrogeologischen Erkundungsarbeiten Angaben über die Hydrogeologie der Lagerstätte erhält. Bei der heutigen stadienartigen Durchführung der Forschung ist es — ökonomisch gesehen — unbedingt erforderlich, auch bei der hydrogeologischen Untersuchung nur jene Arbeiten durchzuführen, bei denen die Kosten der Erforschung im angemessenen Verhältnis zu der zu bestimmenden Klasse der Vorräte stehen.

Den wichtigsten Teil der hydrogeologischen Forschung stellt ein Bericht zur Vorratsberechnung dar, dessen Grundlage die bei der Vorerkundung gewonnenen Ergebnisse bilden. Aus diesem Bericht muß auf Grund der Hauptindikatoren für die Arbeitssicherheit und für die Grubenwasserhebung ersichtlich sein, ob und wie die hydrogeologischen Verhältnisse den Lagerstättenabbau beeinflussen können. Der hydrogeologische Bericht zur Vorratsberechnung, der so abgefaßt werden muß, daß er dem Projektanten die wichtigsten Unterlagen gibt, stellt eine Ergänzung des Hauptberichts dar, präzisiert diesen infolge weiterer geologischer Untersuchungsarbeiten und bestimmt den Charakter der erforderlichen Investitionen, die im Zusammenhang mit dem Lagerstättenabbau vom Standpunkt der Hydrogeologie erforderlich sind, z. B. für die Untersuchung des Trink- oder Nutzwassers für den Ausbau des Werkes und zur Durchführung der erforderlichen Flußverlegungen.

Für die Vorratsberechnung der Klasse C_2 soll der hydrogeologische Bericht eine kurze Übersicht über die Orographie, die Hydrographie und den Klimatyp des Lagerstättengebietes, eine Charakterisierung der hydrogeologischen Eigenschaften der Gesteine des Lagerstättengebietes, Angaben über die Lagerstättentektonik entsprechend dem Stand der geologischen Forschung, Angaben über die Zirkulationsverhältnisse der Grundgewässer, genaue Angaben über die bei der Überführung der Vorräte in höhere Kategorien erforderlichen Beobachtungen und Messungen (vor allem sind die Beobachtungszeit, die Beobachtungsmethode und die Grundzüge der Methodik zu bestimmen) enthalten. Weiterhin sind noch die Lagerstättenteile zu berücksichtigen, in denen Wassereinbrüche drohen und in denen bergbauliche Forschungsarbeiten durchgeführt werden. Diese Angaben sind mit orographischen und hydrogeographischen Karten der Lagerstättenumgebung und einer Karte des Einzugsgebietes des nächsten Flusses zu belegen.

Für die Vorratsberechnung der Klasse C_1 müssen, abgesehen von der Zirkulation der Untertagegewässer und vom Zirkulationssystem, folgende Arbeiten durchgeführt werden: Untersuchung der Orographie, der Hydrographie und des Klimatyps des Lagerstättengebietes, Charakterisierung der Gesteine in Abhängigkeit von der Zirkulation der Grundgewässer und deren Gesetzmäßigkeiten, detaillierte Beschreibung der tektonischen Störungen im Lagerstättengebiet, Charakterisierung der hydrogeologischen Eigenschaften einzelner Gesteine und Schichtensysteme, Bestimmung des Systems der Grundgewässer, des Einzugsgebietes und der bisher festgestellten Verzögerung; weiterhin ist der Einfluß des Systems der Grubenwässer auf den Vortrieb der Bergbauarbeiten und auf den Lagerstättenabbau und der Einfluß des Regimes der Grundgewässer auf die unterirdischen Wasserreservoire sowie der Einfluß des Abbaus auf die Lage des Wasserspiegels (über NN) der Grundgewässer zu charakterisieren. Außerdem muß das Lagerstättengebiet, in dem Wassereinbrüche möglich sind, abgegrenzt werden. Es ist ausdrücklich alles aufzuführen, was die Grubenarbeiten und die Arbeiten in den einzelnen Feldesteilen beim Vortrieb in der Nähe des „Alten Manns", der verkarsteten Partien der Lagerstätte oder in Gebieten, in denen mit Wassereinbrüchen zu rechnen ist, gefährden kann. Gleichzeitig sind die Hauptkennwerte für den Ausbau der Pumpenstation anzugeben und eine ökonomische Einschätzung der Wasserhaltung der Grubenwässer durchzuführen; vor allem aber sind die zusitzenden Wässer in der Grube in Analogie annähernd zu berechnen und genaue Angaben über noch durchzuführende Beobachtungen und Messungen erforderlich; evtl. vorgesehene spezielle hydrogeologische Bohrungen oder Pumpversuche sind eingehend zu begründen, deren Anzahl, einzelne Teufen und Anfangsdurchmesser sowie bei Pumpversuchen die Dauer der Versuche anzugeben und wenigstens die erste der speziellen Bohrungen genau und eindeutig anzusetzen. Die Charakteristik der Grundgewässer nach Mineralisation, chemischer Zusammensetzung und Temperatur ist durch Tabellen zu belegen, aus denen hervorgehen muß, ob diese Wässer aggressiv sind oder nicht.

Nach Untersuchung der Zirkulation der Grundgewässer muß man ferner bei der Bestimmung des Regimes der echten Porenwässer den Verlauf der wasserführenden Klüfte mit schneller Zirkulation der Grundgewässer und den Verlauf der wasserführenden Schichten ermitteln und den Durchlässigkeitsbeiwert festlegen (letzteres kann im Labor oder durch rechnerische Auswertung der Pumpversuche erfolgen). Weiterhin sind die Bereiche mit möglichen Wassereinbrüchen und mit Schwimmsandeinbrüchen zu bestimmen, und beim Auftreten eines stark wasserführenden Hangenden oder Liegenden der Lagerstätte ist der hydrostatische Druck der Grundgewässer im Hangenden und Liegenden der Lagerstätte (des Flözes) zu ermitteln und zu bewerten. Bei Lagerstätten, deren unmittelbares Hangendes aus porenwasserführenden Nebengesteinen besteht, ist grundsätzlich die Möglichkeit der Entwässerung zu erwägen und gleichzeitig die erste hydrogeologische Bohrung zur Überprüfung dieser Angaben vorzuschlagen und eindeutig anzusetzen.

Bei der Untersuchung des Zirkulationssystems der Karstwässer sind der Zusammenhang dieser Karstwässer mit den übrigen Typen der Grundgewässer zu ermitteln, die Bedingungen der Verkarstung der Lagerstätte, der Verlauf der Hauptverkarstungszonen sowie deren Zusammenhang mit der Tektonik zu bestimmen, eine vorläufige Prognose der Verkarstung der Lagerstätte unter Berücksichtigung des Erosionsanschnittes zu geben sowie die Gebiete mit möglichen Karstwasserdurchbrüchen und Wasserdurchbrüchen aus den Karsthöhlen festzustellen.

Diese Angaben für die Vorratsberechnung in der Klasse C_1 sind mit einer orographischen und hydrographischen Karte, einer Karte der Wasserführung und der Flüsse in der Umgebung der Lagerstätte sowie mit einer Karte der Hydroisohypsen des Lagerstättengebietes zu belegen (kann diese Karte für das Regime der Kluftwässer nicht angefertigt werden, so muß das besonders begründet werden). Außerdem sollen noch wenigstens ein Profil im Streichen und zwei Profile quer zum Streichen der Lagerstätte vorgelegt werden, in denen die hydrogeologische Situation gekennzeichnet ist. Diese Profile sind für die wichtigsten Teufen der geologischen Forschungsarbeiten zu konstruieren, in ihnen sind vor allem die Punkte der hydrogeologischen Messungen und Probenahmen der Wässer und der Verlauf (gegebenenfalls auch Senkung) des Wasserspiegels der Grundgewässer durch Einfluß des Abbaus anzudeuten (beim Auftreten von Kluftwasser ist die Anfertigung dieser Profile überflüssig, was nicht besonders zu begründen ist). Bei stufenweisem Abpumpen der Wässer aus der Grube sind ein Schema der Wasserhaltung beizulegen und Vorschläge für eine eventuelle Veränderung der Organisation der Wasserhaltung zu unterbreiten. Wenn spezielle hydrogeologische Bohrungen vorgesehen sind, müssen sie in eine detaillierte Situationskarte eingetragen werden, deren Maßstab höchstens 1:5000 betragen soll. Bei der Messung des hydrostatischen Druckes der Untertagewässer ist die Anfertigung besonderer Karten hydrostatischer Drücke der Grundgewässer im Hangenden oder Liegenden der Lagerstätte erforderlich.

Für die Vorratsberechnung der Klasse B soll die hydrogeologische Beurteilung an die Charakterisierung der hydrogeologischen Verhältnisse für die Vorratsberechnung in einer niedrigeren Klasse (C_1) anschließen. Weiterhin sind die in der Lagerstätte in den Anfangsetappen der geologischen Untersuchung über längere Zeiträume durchgeführten Messungen auszuwerten, die Charakteristik der einzelnen Gesteine und Schichtensysteme hinsichtlich der geologischen Eigenschaften durch grundsätzliche Untersuchungen im Labor (Porosität, Durchlässigkeit) zu ergänzen, das Einzugsgebiet im Detail abzugrenzen und die Zunahme der Zuflußmenge nach ausgiebigen atmosphärischen Niederschlägen zu bestimmen, die Angaben über die Einwirkungen der Grundgewässer auf den Vortrieb und die Einwirkungen der Grubenwässer auf das unterirdische Wasserreservoir durch weitere Beobachtungen und Messungen und insbesondere durch spezielle hydrogeologische Bohrungen und Pumpversuche (einschließlich deren Auswertung) zu ergänzen. Vor allem muß jedoch die Beeinflussung des Wasserspiegels der Grundgewässer durch den Lagerstättenabbau bestimmt werden. Soweit es möglich ist, sind die Messungen hydrostatischer Drücke der Grundgewässer im Hangenden oder Liegenden der Lagerstätte zu ergänzen und die Gebiete der möglichen Durchbrüche von gespannten Wässern abzugrenzen und diese Lagerstättenteile vor allem mit Rücksicht auf die gewählte Abbaumethode genauer zu untersuchen. Die ungefähre Menge der zusitzenden Wässer sowie der Koeffizient der Erhöhung der Zuflüsse im Frühjahr sollen auf Grund der Ergebnisse der durchgeführten Pumpversuche genauer bestimmt werden. Bei der wirtschaftlichen Auswertung sind die Kosten für das Abpumpen der mittleren Wasserzuflüsse für die Zeit von 24 Stunden zahlenmäßig so auszudrücken, daß nach der Bestimmung des täglichen Abbauumfanges ohne weiteres die Kostenerhöhung pro t des abzubauenden Rohmaterials durch die für die Hebung der Grubenwässer erforderlichen Kosten ersichtlich ist. Zusätzlich kann man auch die Möglichkeit der Gewinnung von Trink- und Nutzwasser für das Werk beurteilen, detailliertere Untersuchungsarbeiten vorschlagen, durch weitere Analysen die Charakteristik der chemischen Zusammensetzung der Grubenwässer ergänzen sowie die Möglichkeit der Ausnützung des Grubenwassers oder die Gewinnung einiger seiner Komponenten beurteilen. Außerdem sind noch der Zusammenhang der unterirdischen Wässer mit den Oberflächenwässern zu klären und Maßnahmen zur Beseitigung dieses Zusammenhanges vorzuschlagen.

Diese Angaben für die Vorratsberechnung der Klasse B sind mit einer graphischen Darstellung langdauernder Messungen der atmosphärischen Niederschläge in der Umgebung der Lagerstätte zu belegen. In diesem Diagramm müssen die flüssigen atmosphärischen Niederschläge von festen Niederschlägen getrennt eingezeichnet werden. Besteht das Hangende der Lagerstätte aus porenwasserführenden Gesteinen, sind noch Kurven der Korngrößenzusammensetzung dieser Gesteine beizulegen. Das Einzugsgebiet ist in einer besonderen Anlage darzustellen. Die vorgeschlagenen gründlichen Forschungsarbeiten zur Gewinnung von Trink- und Nutzwasser sollen in einer Situationskarte — Maßstab höchstens 1:5000 — eingezeichnet werden. Handelt es sich um sehr unterschiedliche Arbeiten (z. B. um Bohrungen und Schürfe), ist dieser Vorschlag in zwei oder mehreren selbständigen Anlagen auszuarbeiten. Im Falle eines Zusammenhanges zwischen Grundgewässern und Oberflächenwässern muß dieser Zusammenhang im Profil oder kartenmäßig so dargestellt werden, daß die Darstellung als Unterlage zum Vorschlag einer Flußverlegung über Tage oder einer wasserdichten Überführung des Flusses in einem bestimmten Abschnitt verwendet werden kann. Weiterhin sind die Karten der hydrostatischen Drücke der Grundgewässer zu ergänzen und in diesen die hydrodynamischen Zusammenhänge im Falle eines Wasseranstiegs durch den Druck und im Falle einer Herabsetzung des Wasserspiegels der Grundgewässer durch Einwirkung des Lagerstättenabbaus zu kennzeichnen.

Abschließend möchte Verf. noch darauf hinweisen, daß diese Ausarbeitung für die Einstufung der Vorräte vor allem die wirtschaftlichen Kennziffern enthält und davon ausgeht, daß die geologische Forschung mit der hydrogeologischen Forschung übereinstimmen muß. Es wird nur schwerlich eine Lagerstätte geben, bei der der Hydrogeologe alle vom Verf. vorgeschlagenen Kriterien ermitteln kann. Deren möglichst erschöpfende Aufzählung soll vor allem den jüngeren und weniger geübten Mitarbeitern auf dem Gebiet der Montanhydrogeologie als Anleitung zur sorgsamen Durchführung der Arbeiten und zur umfassenden Charakterisierung der hydrogeologischen Verhältnisse der abzubauenden Lagerstätte dienen.

Literatur

KVETOŇ, P. & J. KOŽÍŠEK: Vorläufige Richtlinien. — HSGP-MHD, Praha 1953.

Richtlinien und Anleitung für den geologischen Dienst in den Organisationen des Geologischen Zentralamtes. — Praha 1959.

Statut, Ordnung, Tabellen, Grundsätze und Richtlinien der Kommission für die Klassifikation der Lagerstättenvorräte mineralischer Rohstoffe. — Praha 1956.

Zur Klassifikation von Grundwasservorräten

RUDOLF HOHL, Halle (Saale)

J. ZIESCHANG hat in Nr. 6, 1961, dieser Zeitschrift (S. 312—314) die Meinung vertreten, daß es an der Zeit sei, auch die Grundwasservorräte wie Lagerstättenvorräte fester mineralischer Rohstoffe zu bilanzieren, zumal eine entsprechende Klassifikation für das Grundwasser bereits in einigen sozialistischen Ländern mit Erfolg erprobt worden sei. Im Anschluß daran schlägt er eine Einteilung der Grundwasservorräte vor und definiert einzelne Vorratsklassen. Verf. wertet diesen Aufsatz als Diskussionsgrundlage und hält es für notwendig, dazu Stellung zu nehmen.

Überschaut man die Literatur über Vorratsberechnung, sowohl Einzelwerke als auch Zeitschriftenaufsätze, so fällt auf, daß sich fast alle Arbeiten mit festen, mineralischen Rohstoffen befassen, besonders mit Erzen. Außerdem gibt es noch einige Abhandlungen über Vorratsberechnungen von Erdgas und Erdöl. Die Lagerstätte „Grundwasser", deren Erforschung Aufgabe der Hydrogeologie ist, bleibt außerhalb der Betrachtungen. Das hat gute Gründe: nicht, weil es sich um eine flüssige Lagerstätte handelt — diesen Charakter teilt das Grundwasser schließlich mit dem Erdöl —, sondern vor allem deshalb, weil das Grundwasser eine Lagerstätte ist, die anderen Gesetzen gehorcht als alle übrigen Lagerstätten nutzbarer Mineralien und Gesteine einschließlich Erdöl, so daß auch der „Abbau" sehr verschieden von diesen vorgenommen wird. Dies kommt schon darin zum Ausdruck, daß man nicht von

„Grundwasserlagerstätte", sondern von „Grundwasserspeicherstätte" spricht, wobei nicht nur der flüssige Inhalt, sondern gleichermaßen das Speichergestein interessiert. Beide zusammen bilden erst die Grundwasserspeicherstätte.

Im Gegensatz zu den übrigen Lagerstätten nutzbarer Rohstoffe, bei denen sich der Mensch bemüht, die Vorräte mit den modernsten technischen Mitteln nach Möglichkeit vollständig oder zumindest weitestgehend zu gewinnen, liegt die Sache beim Grundwasser gänzlich anders. Hier darf er nur eine bestimmte Menge schöpfen, jene Menge, die sich in längeren oder kürzeren Zeiträumen erneuert, mit der sich die Speicherstätte laufend wieder auffüllt. Mehr zu erschroten, wäre hier Raubbau, in vollem Gegensatz zu sämtlichen übrigen Lagerstätten, wo gerade Raubbau bedeutet, daß man unvollständig abbaut und nur die besten Teile der Lagerstätte oder die technisch leicht gewinnbaren nutzt und gewinnt.

Lagerstätten mineralischer Rohstoffe einschließlich Erdöl und Erdgas sind in längeren geologischen Zeiträumen entstanden. Mit ihrem Abbau sind sie vernichtet. Sie bilden sich in menschlicher Zeit nicht neu, wenn man von unbedeutenden Ausnahmen, wie z. B. marinen Schwermineralseifen absieht. Beim Grundwasser dagegen vermag sich die Grundwasserspeicherstätte nach der Entnahme wieder zu ergänzen. Die Entnahme muß sich der Ernährungsfähigkeit, die vom Ernährungsgebiet und seinem Bau abhängt, anpassen. Beide — Entnahme und Ernährungsfähigkeit — sollen ausgeglichen sein. Überschreitet man diese Entnahmemenge, wird der Grundwasserspiegel abgesenkt. Damit läßt die Ergiebigkeit nach. Allmählich geht die Speicherstätte ihrer Erschöpfung entgegen und versiegt schließlich. Ein solcher „Abbau" müßte dann hier als „Raubbau" bezeichnet werden. Daher spricht man besser nicht von einem „Abbau" einer Grundwasserspeicherstätte, sondern von ihrer „Bewirtschaftung".

Lagerstätten fester mineralischer Rohstoffe lagern, an bestimmten Stellen angereichert, in der Erdkruste. Grundwasser bewegt und erneuert sich, es fließt. Es ist in den Gesamtkreislauf des Wassers auf der Erde eingeordnet. Es unterliegt damit anderen Gesetzen als Mineralien und Gesteine.

Das Ziel aller hydrogeologischen und hydrologischen Untersuchungen von Grundwasserfeldern ist, die höchstmögliche Entnahmemenge, die ohne Schädigung der Speicherstätte erschrotet werden kann, zu erkennen, da nur auf dieser Voraussetzung eine zielbewußte Wasserwirtschaft aufgebaut werden kann. Da sich oberirdische und unterirdische Einzugsgebiete vielfach nicht entsprechen und mehrfach überschneiden, sind zunächst regionalgeologische Untersuchungen und Kenntnisse notwendig. Sie haben in jedem Falle vor Einzeluntersuchungen wie denen der Durchlässigkeit usw. zu stehen. Die Erfassung der unterirdischen Abflußspende $l/s \cdot km^2$ (Grundwasserspende) ist daher ein kompliziertes Unterfangen. Ehe man begründete, einwandfreie Werte für bestimmte Gebiete erhalten kann, muß man die einzelnen Grundwasserstockwerke und ihre Wasserführung erforschen.

Fragen der Vorratsberechnung

Dieser einleitende Abschnitt erschien nötig, um darzulegen, daß Lagerstätten fester mineralischer Rohstoffe und Grundwasser etwas völlig Verschiedenes sind. Daher müssen auch die Methoden einer Vorratsberechnung auf beiden Gebieten unterschiedlich sein. Es liegt der Schluß nahe, daß die für feste mineralische Rohstoffe üblichen Methoden und Klassen der Vorräte nicht brauchbar sind und daß Versuche, sie trotzdem zu verwenden, auf Schwierigkeiten stoßen müssen.

M. E. entfällt also die Einteilung in die Vorratsklassen A_1, A_2, B, C bzw. c zur Bilanzierung der Grundwasservorräte. Ganz besonders bedenklich erscheinen mir Außerbilanzvorräte c oder etwa prognostische Vorräte δ, wie sie zwar von Zieschang nicht vorgeschlagen werden, aber zur Zeit auf dem Gebiete der festen mineralischen Rohstoffe mit Recht lebhaft diskutiert werden. Ich bin der Meinung, man sollte zunächst einmal weiter Mengenberechnungen von nutzbaren Grundwasserfeldern mittels der üblichen Näherungsverfahren vornehmen, ohne zu klassifizieren und Gesamtvorräte größerer Gebiete oder der gesamten DDR in l/s berechnen zu wollen. Bis man einmal das Grundwasserdargebot, einigermaßen sicher unterteilt, wirklich exakt bilanzieren kann, werden noch Jahrzehnte intensivster komplexer Forschungsarbeit notwendig sein. Im gegenwärtigen Zeitpunkt die vorgeschlagene differenzierte Klassifizierung mit Bezug auf den Erkundungsgrad vorzunehmen und Vorratsklassen in Anlehnung an diejenigen fester mineralischer Rohstoffe zu bilden, halte ich nicht nur für unrichtig, sondern für nicht ungefährlich. Es scheint, als wollte man im einzelnen etwas quantitativ erfassen, wofür die unerläßlichen geologischen Voraussetzungen noch fehlen. Wir stehen auf diesem Gebiete erst im Anfang der Erkenntnis.

Man befasse sich mit dem „Hydrologischen Gutachten zum Verleihungsantrag der Stadtwerke Halle/Saale, betreffend das geplante Wasserwerk bei Düben nahe der Mulde" (1946), in dem W. Koehne u. a. kritisch zu älteren Berechnungsversuchen anerkannter Fachleute Stellung genommen und gezeigt haben, was schon in einem so unkompliziert gebauten Gebiet wie in den Schotterfeldern des Torgau—Dübener Urstromtales zwischen Eilenburg und Düben alles zu berücksichtigen ist und was für Fehler gemacht wurden. Ebenso lesenswert ist die leichter zugängliche Schrift desselben Verfassers „Die Ermittlung der Wasserführung von Grundwasserströmen und ihre Bedeutung für den Betrieb von Wasserwerken". W. Koehne sagt darin u. a. bei der Erörterung über die Grundwasserspende leichter Sandböden, daß bei der großen Schwierigkeit der Probleme, vor die uns das unterirdische Wasser stellt, es vorteilhaft sei, wenn die Untersuchungen nicht nur von einem, sondern von zwei Fachleuten durchgeführt würden. Es soll dabei ganz davon abgesehen werden, daß eine Bilanzierung nicht nur die quantitative Seite betrifft, sondern dazu die qualitative, die chemische Beschaffenheit des Grundwassers und seine möglichen Veränderungen, die man oft nicht nur nicht genügend gewürdigt oder deren Untersuchung man sogar zum Schaden der Nutzung unterlassen hat. Zum Begriff verwendbarer Vorräte (Bilanzvorräte) gehören bekanntlich Rohstoffmenge, Qualität und Klarheit über die Möglichkeiten der technischen Gewinnung. Man erkennt daraus, daß die Probleme recht kompliziert und komplexer Natur sind.

Zur Klassifikation

Es möge nunmehr zu den Vorratsklassen, dem Nachweis der Vorräte und ihrer Berechnung im Sinne von ZIESCHANG Stellung genommen werden. Bei einer hydrogeologischen Übersichtskartierung, die man von der Vorerkundung einzelner Grundwassergebiete trennen müßte, da sie zunächst einmal die einzelnen Grundwasserleiter erkennen und keine Einzeluntersuchungen umfassen sollte, wird man nur relative Mengen angeben können, d. h., man wird die einzelnen Grundwasserleiter bzw. -speicherstätten in ihrer Höffigkeit miteinander vergleichen und ggf. Vergleichswerte bringen, wie es z. B. von R. GRAHMANN und Mitarbeitern auf den hydrogeologischen Übersichtskarten Westdeutschlands versucht worden ist. Eine Auseinandersetzung mit den einzelnen von ZIESCHANG definierten Vorratsklassen kann entfallen, da ich eine solche Klassifizierung prinzipiell ablehne. Ich kann mich daher auf einige Fragen beschränken.

ZIESCHANG schreibt, es gäbe grundsätzlich drei Methoden zur Berechnung des natürlichen Grundwasserdargebotes: 1. unterirdische Abflußspende, 2. DARCYsche Gleichung, 3. Dauerpumpversuche bzw. Quellschüttungsmessungen. Daß darüber hinaus auch noch andere Verfahren brauchbar sind, hat z. B. W. KOEHNE vermerkt (1953). Einen interessanten Versuch hat neuerdings W. BURRE (1960) veröffentlicht, der Untersuchungen über die Berechnung der dem Grundwasser von den Niederschlägen zugehenden Wassermengen aus den Bewegungen des Grundwasserspiegels durchgeführt hat. W. KOEHNE hat sich dahingehend geäußert, daß man, wenn man auch nur einigermaßen sichere Zahlen über die zur Verfügung stehende Wassermenge eines Grundwasserfeldes ermitteln wolle, unter allen Umständen mehrere unterschiedliche Methoden nebeneinander anwenden sollte, um die erhaltenen Zahlenwerte miteinander vergleichen zu können.

In jedem Falle handelt es sich auch bei Anwendung der DARCYschen Durchflußgleichung bzw. dem darauf beruhenden THIEMschen Verfahren infolge der Inhomogenität der Grundwasserleiter nur um Näherungswerte, die man erhält. Die Ermittlung der unterirdischen Abflußspende $l/s \cdot km^2$ für eine bestimmte Fläche, wie sie von ZIESCHANG vorgeschlagen wird, ist wegen der vielen Unbekannten und Veränderlichen deshalb wenig befriedigend, weil z. B. nur wenige Versickerungsmessungen ausgeführt wurden und zudem die Lysimeterbeobachtungen nicht bis zum Grundwasserspiegel reichen, abgesehen davon, daß man sie nicht von einem Gebiet auf ein anderes übertragen darf, wie die Erfahrung gelehrt hat. Noch weniger befriedigend ist es aber, den Niederschlag zu messen, dann Verdunstung und oberflächlichen Abfluß zu bestimmen und den Rest als versickernden Anteil zu betrachten. Das gesamte Bodenwasserregime, die Frage der produktiven Verdunstung, der Abfluß aus dem Grundwasser in kleine Gräben und Senken u. a. m. sind recht komplexe Probleme, denen man noch intensive Forschungsarbeit widmen muß. Die Erkenntnis der wirklichen unterirdischen Abflußspende, die auch die spezielle, auf kleinem Raum doch recht unterschiedliche Bodenbeschaffenheit, den Gesteinscharakter, die geologischen Lagerungsverhältnisse, die klimatischen Schwankungen u. a. m. berücksichtigt, zu fixieren, kann erst das Ziel späterer Untersuchungen sein.

Gleiches gilt für die Anwendung der DARCYschen Gleichung und für die Durchführung von Dauerpumpversuchen zur Ermittlung von Grundwasservorräten im Rahmen der Objekterkundung. Dabei werden die von ZIESCHANG im Jahre 1959 veröffentlichten Grundsätze komplexer hydrogeologischer Untersuchungen im Bereich der Lockergesteine berührt, zu denen ich mich noch kritisch äußern werde. Bei der Größe unserer wichtigsten Grundwasserspeicherstätten im Quartär (z. B. Schotterterrassen), z. T. auch im Tertiär (Liegendwässer der Braunkohlenbecken), aber auch in anderen geologischen Verbänden, z. B. im Rotliegenden (Erzgebirgisches Becken), sind systematische, flächenhafte und umfassende Erkundungen eines oder mehrerer Grundwasserleiter durch Bohrungen und Pumpversuche Unterfangen, die außerordentlich umfangreich sind und u. U. über viele Jahre laufen müssen, wenn sie wirklich klare Verhältnisse über den Gesamtinhalt einer solchen hydrogeologischen Einheit und deren Dauernutzung bringen sollen. Im allgemeinen wird man sich darauf beschränken müssen, bestimmte, für die wasserwirtschaftliche Nutzung vorgesehene Teilstücke zu untersuchen, wie dies bisher bereits mit Erfolg vorgenommen wurde. Man läuft dabei naturgemäß Gefahr, den Gesamtkomplex nicht zu überschauen und Überbeanspruchungen nicht ganz auszuschließen. Alle Durchlässigkeits- und Inhaltsbestimmungen an Grundwasserspeicherstätten vermögen letztlich ebenso wie sogenannte Dauerpumpversuche über eine oder mehrere Wochen, ja sogar über Monate, doch nur die gerade zur Verfügung stehende und damit technisch erschrotbare, nicht aber die auf die Dauer gewinnbare Wassermenge zu erfassen. Sie berücksichtigen weder die jährlichen noch, was viel wichtiger ist, die langperiodischen Schwankungen des Grundwasserspiegels; schwankt doch der Grundwasserstand zwischen Maximum und Minimum der langen Periode, die zwischen 10 und 15 Jahren liegen dürfte, von kürzerperiodischen Überlagerungen abgesehen, nach vorliegenden Beobachtungen um $\pm$ 2 m und dies in unbeeinflußten Gebieten. Wie sehr wird dies aber dort noch kompliziert, wo man sich, wie z. B. im Raum Bitterfeld—Halle—Leipzig—Altenburg in stark beeinflußten und gestörten Räumen befindet! Welche Fehler können allein dadurch entstehen, daß Pumpversuche in Zeiten des Grundwasseranstiegs mit scheinbaren Beharrungszuständen des abgesenkten Grundwasserspiegels durchgeführt werden, ohne daß der auswertende Hydrogeologe dies in Rechnung stellt!

Nicht weniger schwierig ist die exakte Ermittlung der Durchlässigkeit. ZIESCHANG schreibt selbst (1959, S. 537), „daß k_f-Werte nur bei geringem Grundwassergefälle und bei auf größere Erstreckung einheitlichem Aufbau der Grundwasserleiter sinnvoll und erfolgreich bestimmt werden können, wobei besonders im vertikalen Aufbau kein schneller und intensiver Körnungswechsel vorliegen darf. Wo wäre dies aber in der Natur der Fall, von einigen Grundwasserleitern im Tertiär und im Gebiet der Urstromtäler, gelegentlich auch in Schmelzwassersanden, abgesehen? Die breiten Schotterterrassen des Randpleistozäns, die mit ihren großen Grundwasserströmen für die Wasserversorgung weiter Gebiete entscheidend sind, zeigen ein ganz anderes Bild. Derartige fluviatile Sedimente gehören zu den inhomogensten Gebilden der Erdrinde überhaupt (NÖRING 1951).

W. KOEHNE hat wiederholt nachdrücklich darauf hingewiesen, welche große Bedeutung geringfügige Veränderungen in der Kornzusammensetzung haben, wie durch in der getrockneten Bohrprobe kaum sichtbare tonige oder schluffige Beimengungen die Durchlässigkeit eines Sandes auf $^1/_{10}$ und mehr herabgesetzt werden kann. Einen noch größeren Einfluß haben meist überbohrte, nur wenige Zentimeter mächtige Schluff- oder Tonlagen in einer sandig-kiesigen Abfolge, die einen scheinbar einheitlichen Grundwasserleiter förmlich in mehrere Stockwerke aufspalten können. Wer die Praxis der Bohrmethodik, die Bohrprobenablage und die Entnahme von Material für Laboratoriumsuntersuchungen kennt, ist durchaus nicht verwundert, in Berechnungen falsche, den tatsächlichen Verhältnissen in keiner Hinsicht gerecht werdende Zahlenwerte zu erhalten, wie sie die Praxis häufig zeigt. Manche Großwasserwerke können davon berichten, was man angeblich quantitativ exakt berechnet hatte und was man in Wirklichkeit in Jahrzehnten der Bewährung nur fördern konnte oder gegenwärtig noch schöpft. Dabei liegt es mir durchaus fern, die Methode an sich abzulehnen, sie ist gut und wichtig, sie hat sich kritisch angewendet auch bewährt, aber ich möchte auf die Gefahren hinweisen, die bestehen, und auf die Grenzen, die sie hat. Die so ermittelten Werte sind keine Grundwasservorräte im strengen Sinne, sondern nur im Näherungsverfahren errechnete Größenordnungen mit vielen Eventualitäten, Mängeln und Fehlern. Sie sind wertvoll und haben ihre Bedeutung, aber man kann und darf sie keinesfalls mit den Vorratszahlen fester mineralischer Rohstoffe vergleichen. Die Berücksichtigung der Wahrscheinlichkeit bei den errechneten Werten spielt eine wichtige Rolle. Sie liegt auf einer anderen Ebene als bei den mineralischen Vorräten. Die Aussagesicherheit schwankt in sehr weiten Grenzen, und die so oft erörterte Frage der Toleranzen wäre hier erneut zu überprüfen.

Zur vorgeschlagenen Charakteristik der höchsten Vorratsklassen A_2 und A_1 im Sinne ZIESCHANGS ist zu sagen, daß Betriebsdaten usw., die in Wasserwerken oder ähnlichen Einrichtungen in einem einzigen Jahr oder auch in einem Zeitraum von fünf aufeinanderfolgenden Jahren gewonnen wurden, für eine exakte Erfassung des Grundwasserdargebots schon theoretisch keinesfalls ausreichend sind, d. h. also nicht einmal für ein bestimmtes Wasserwerk, weder in quantitativer noch in qualitativer Hinsicht. Die langperiodischen Schwankungen des Grundwasserspiegels gehen weit über diesen Zeitraum hinaus. Ohne Berücksichtigung der wechselnden Wiederauffüllung der Speicherstätten über Jahrzehnte — z. T. liegen, besonders in Berlin, den ehemaligen Ländern Sachsen und Sachsen-Anhalt u. a. m. Beobachtungen über vier bis fünf Jahrzehnte vor —, kann man nicht zu den betreffenden sicheren Zahlenangaben kommen, die bei festen mineralischen Rohstoffen die Kategorien A_2 und A_1 beinhalten.

Überblicken wir noch einmal rückschauend die Möglichkeit der Klassifikation von Grundwasservorräten, so müssen wir feststellen, daß unter den gegenwärtigen Bedingungen dafür noch die Voraussetzungen fehlen. Man sollte nicht, bloß um größere Einzelräume bilanzieren zu können, den Fehler begehen, Vorräte zu berechnen, die weder exakt sind noch größeren Wert haben, höchstens dazu verleiten könnten, die so erhaltenen Werte zu überschätzen, mit ihnen großräumig zu planen, um dann zumindest mehr oder weniger große Enttäuschungen zu erleben. Versuchen wir daher mit den uns zur Verfügung stehenden Methoden auf der Basis geologischer Untersuchungen und Forschungen die gesamte hydrogeologische Arbeit zu verbessern, in erster Linie dadurch, daß wir die geologischen Erkenntnisse mehren, bei unserer Erkundung berücksichtigen und nicht allein die Durchlässigkeit der Schichten in den Vordergrund stellen, wie es leider gelegentlich geschieht. Die geologische Kartierung hat hierbei wichtige Aufgaben zu erfüllen.

Ein schönes Beispiel einer gut fundierten hydrogeologischen Arbeit hat L. EISSMANN in seinem „Ergebnisbericht über die Grundwasserführung des Raumes Kitzen-Schkortlopp, Kr. Leipzig" geliefert, in dem die Möglichkeit der Wassergewinnung im Bereich pleistozäner und tertiärer Sedimente eines uneinheitlich gebauten kleinen Raumes untersucht wurde. Diese ergebnisreiche, vorsichtig abwägende Arbeit schließt mit einer Schätzung der möglichen Entnahme, auf Grund zahlreicher Untersuchungen in l/s ausgedrückt. Die Arbeit zeigt, wie weit man bei entsprechend geologisch gesichertem Unterbau in einem etwas komplizierten Gebiet das Grundwasser mengenmäßig erfassen kann. Es erscheint daher richtig, auf dieser Basis weiterzuarbeiten, größere Einzelgebiete mit allen nur denkbaren Methoden in gemeinsamer Planung und Forschung von Geologie, Hydrologie, Meteorologie usw. unter Federführung der Wasserwirtschaft (E. BURGK 1961, R. HOHL 1961) zu untersuchen und diese Unterlagen der Projektierung zur Verfügung zu stellen. Dann geschieht das, was man verantworten kann, ohne daß allzu große Fehlschlüsse möglich sind. Seien wir uns stets der Grenzen bewußt, die unsere Methodik hat. Bis zur Erfassung des Gesamtinhaltes einer Speicherstätte und einer auf dem langjährigen Mittel der Wiederauffüllung beruhenden Nutzung ist noch ein weiter Weg, ein noch weiterer aber, wenn wir die Schöpfungsmöglichkeiten aus den einzelnen Grundwasserstockwerken flächenmäßig in $l/s \cdot km^2$ ausdrücken wollen.

Für eine Bilanzierung von Grundwasservorräten müßte man m. E. unter Berücksichtigung ihrer Andersartigkeit gegenüber Vorräten fester, mineralischer Rohstoffe eine neuartige Klassifikation und eine im einzelnen begründete, vielseitige umfassende Berechnungsmethodik auf Grund komplexer Forschung in der Zukunft erst noch erarbeiten.

Zusammenfassung

Im Gegensatz zu J. ZIESCHANG (1961) hält es Verf. nicht für angebracht, mit den zur Verfügung stehenden Methoden Grundwasservorräte in Vorratsgruppen (A_1, A_2, B, C, c) zu bilanzieren, wie sie bei der Berechnung und Klassifikation fester mineralischer Rohstoffe angewendet werden. Der Rohstoff Grundwasser gehorcht anderen Gesetzen und ist mit den sonstigen mineralischen Lagerstätten nicht vergleichbar. Der „Abbau" erfaßt beim Grundwasser nur den Teil der Lagerstätte, der in Abhängigkeit von den periodisch schwankenden Niederschlagsmengen in Zusammenhang mit dem geologischen Bau eines Gebietes im Ernährungsgebiet versickert und damit die Grundwasserspeicherstätte wieder auffüllt. Aus diesen Gründen ist für Grundwasservorräte eine andersartige Klassifikation und Berechnung nötig, die auf Grund komplexer Forschung noch zu erarbeiten wäre.

Резюме

В отличие от И. ЦИШАНГа (1961 г.), автор не считает уместным отнести на основании существующих методов запасы подземных вод к категориям запасов (A_1, A_2, B, C, c), применяемым при подсчете и классификации твердых полезных ископаемых.

Минеральное сырье ,,подземная вода'' подчинено другим законам, оно несравнимо с остальными минеральными месторождéниями. В случае подземной воды ,,разработка'' охватывает лишь ту часть месторождения, просачивающуюся в зависимости от периодически колеблющихся количеств осадков в связи с геологическим строением в питательной области и тем самым наполняющую место аккумуляции подземных вод. По этим причинам, запасы подземныk вод требуют другой классификации и подсчета, которых надо разработать на основании комплексных исследований.

Summary

Contrary to J. ZIESCHANG (1961) the author thinks it inopportune to balance ground-water reserves into reserve groups (A_1, A_2, B, C, c) using methods available for the calculation and classification of solid mineral raw materials. The raw material ground water obeys other laws and cannot be compared with other mineral deposits. "Winning" of ground water only relates to that part of the deposit which, depending on periodically fluctuating precipitation, infiltrates into the area of feeding in connection with its geological structure, thereby refilling the ground-water reservoir. For these reasons ground-water reserves require a different classification and calculation. Based on complex research work they are still to be elaborated.

Literatur

BURGK, E.: Über die Durchführung und Auswertung von hydrologischen Vorarbeiten zur Erschließung von Grund- und uferfiltriertem Wasser sowie zur einheitlichen Grundwasserbewirtschaftung. — Wasserwirtschaft–Wassertechnik, **11**, S. 51–54, Berlin 1961.

BURRE, O.: Untersuchungen über die Berechnung der dem Grundwasser von den Niederschlägen zugehenden Wassermengen aus den Bewegungen des Grundwasserspiegels. — Abh. hess. Landesamt Bodenforsch., H. 30, Wiesbaden 1960.

EISSMANN, L.: Ergebnisbericht über Bohrungen auf Grundwasser bei Kitzen-Schkortlopp, Kr. Leipzig, — Arch. d. Staatl. Geol. Komm., 1959, unveröff.

GRAHMANN, R.: Die Grundwässer in der Bundesrepublik Deutschland und ihre Nutzung. — Forsch. z. dtsch. Landeskunde, **105**, T. II, Remagen 1958.

HOHL, R.: Hydrogeologische Fragen im Rahmen der Braunkohlenerkundung in Nordwestsachsen. — Z. angew. Geol., **4**, S. 353–359, Berlin 1958.

— Hydrogeologische Untersuchungen im nordsächsischen Raum. — Ber. geol. Ges. DDR, in Druck.

— Zur Diskussion über die Durchführung und Auswertung von hydrologischen Vorarbeiten zur Wassererschließung. — Wasserwirtschaft–Wassertechnik, **11**, S. 451–453, Berlin 1961.

HOHL, R. & L. EISSMANN: Wasserbohrungen im nord- und mittelsächsischen Porphyrgebiet. — Z. angew. Geol., **6**, S. 78–81, Berlin 1960.

KOEHNE, W.: Die Ermittlung der Wasserführung von Grundwasserströmen und ihre Bedeutung für den Betrieb von Wasserwerken. — Bielefeld 1953.

— Die Bedeutung der Einzelheiten des geologischen Baues der Grundwasserleiter für die Brunnenkonstruktion. — Gas- u. Wasserfach, **94**, München 1953.

— Hydrologisches Gutachten zum Verleihungsantrag der Stadtwerke Halle/Saale betr. das geplante Wasserwerk bei Düben nahe der Mulde. — Arch. der Wasserwirtschaftsdirektion Obere Elbe–Mulde, Karl-Marx-Stadt, 1946, unveröff.

NÖRING, F.: Die Geologie als Grundlage der Grundwasserkunde. — Wasserfachl. Aussprache-Tagung des DVGW am 25. u. 26. 1. 1951. — Hannover 1952.

STAMMBERGER, F.: Einführung in die Berechnung von Lagerstätten fester mineralischer Rohstoffe. — Berlin 1956.

ZIESCHANG, J.: Grundsätze komplexer geologischer Untersuchungen im Bereich der Lockergesteine. — Z. angew. Geol., **5**, S. 535–539 und 586–589, Berlin 1959.

— Zur Klassifikation der Grundwasservorräte. — Z. angew. Geol., **7**, S. 312–314, Berlin 1961.

ZIESCHANG, J. & E. FITZNER: Hydrogeologische Karte der DDR 1:200000 mit Erläuterungen Bl. Görlitz O 52. — Berlin 1960.

Klassifikation der Lagerstättenvorräte fester mineralischer Rohstoffe vom 4. 9. 1956. — Z. angew. Geol., **2**, S. 448–450, Berlin 1956.

Richtlinien der ZVK über Form und Inhalt von Vorratsberechnungen vom 4. 5. 1961. — Z. angew. Geol., 7, S. 479–482, Berlin 1961.

Darstellungsmethoden der hydrochemischen Verhältnisse auf hydrogeologischen Karten[1)]

JAROSLAV VRBA, Prag

Die hydrogeologische Karte bildet die Synthese aller hydrogeologischen Kenntnisse des untersuchten Gebiets, d. h., auf ihr werden das Regime aller Grundwasserstockwerke und Quellhorizonte, deren vertikale und horizontale hydrogeologische, hydrochemische und hydrodynamische Zoneneinteilung unter Berücksichtigung der Beziehungen zum geologischen und tektonischen Bau des Untersuchungsgebietes dargestellt.

Das Hauptmerkmal einer hydrogeologischen Karte im Gegensatz zu einer geologischen besteht in der Einzeldarstellung aller Beobachtungen. Das hydrogeologische Objekt (Quelle, Brunnen, Bohrung) wird immer in die Karte eingetragen, weiterhin auch hydrologische und hydrodynamische (Ergiebigkeit, spezifische Ergiebigkeit, Lage des Grundwasserspiegels, Druckverhältnisse u. dgl.), hydrochemische (Gesamtmineralisation, Härte, Eisen-, Mangan-, Chlorid- und Sulfatgehalt usw.) und hydrophysikalische Beobachtungen (nutzbares und Gesamtporenvolumen, Durchlässigkeitsbeiwert usw.).

Soll ein Objekt vollständig dokumentiert werden (hydrologisch, hydrodynamisch, hydrophysikalisch und hydrochemisch) und sollen außerdem noch quantitative chemische Aussagen gemacht werden, reicht in den meisten Fällen ein Kartenblatt nicht aus. Eine vollständige und gut lesbare hydrogeologische Karte muß somit aus einer Grundkarte und mehreren durchsichtigen Deckblättern bestehen. Es seien hier nur das Deckblatt mit hydrogeologischen Quer- und Längsprofilen sowie hydrochemische Deckblätter genannt. Die Anzahl der Deckblätter ist vor allem vom Zweck der Karte und ihrem Maßstab abhängig.

Die hydrogeologischen Karten werden in Grundkarten (hydrogeologische Staatskarten) und Spezialkarten (für die Wasser- und Landwirtschaft sowie für den Bergbau) eingeteilt. Als Unterlagen für die Ausarbeitung hydrogeologischer Karten dienen Daten, die durch regelmäßige, langfristige hydrogeologische[2)] Beobachtungen der Quellen, Brunnen, Bohrungen des hydrogeologischen Beobachtungsnetzes gewonnen wurden. Dichte und Verteilung derartiger Beobachtungspunkte werden von den hydrogeologischen und morphologischen Verhältnissen des kartierten Gebiets sowie dem Zweck und Maßstab der Karte bestimmt. Den Karten entsprechend ist auch das Beobachtungsnetz in ein Grund- und in ein zweckentsprechendes Spezialnetz gegliedert.

Einen wichtigen, meist auf dem hydrochemischen Kartenblatt dargestellten Teil der hydrogeologischen Karten bildet die hydrochemische Dokumentation. Hierfür wurden bisher noch keine einheitlichen Methoden ausgearbeitet. In der vorliegenden Arbeit stellt Verf. die verschiedenen hydrochemischen Darstellungsmethoden einander gegenüber.

Tab. 1. Graphische Darstellungsmethoden

Methode	dargestellte Einheit
1. Punkt	mg/l, mval %
2. Linie	mg/l
3. Zahlensymbol	mval, mval %
4. Figur (Kolonne)	mval %
5. Fläche	mg/l, mval %

[1)] Redaktionelle Bearbeitung der Originalarbeit: K. HRABOWSKI, Berlin.

[2)] Der Begriff ,,hydrogeologisch'' wird hier als Komplex hydrogeologischer, hydrochemischer, hydrodynamischer und hydrophysikalischer Erscheinungen aufgefaßt.

Tab. 2. Wasseranalyse

Entnahmeort: Brunnen bei Pištan – Wasserwerk der Stadt Lovositz
Entnahmetag: 6. 3. 1958
Tag der Analyse: 10. 3. 1958
Wassertemperatur bei Entnahme: 9,5° C
Lufttemperatur: 8° C
Aussehen: klar
Geruch: ohne
p_H-Wert: 6,4
Abdampfrückstand bei 110° C: 444 mg/l
Härte: 13,6° d. H.
Kieselsäure H_2SiO_3: 19,5 mg/l
Charakteristik:

Kationen	mg/l	mval	mval %	Anionen	mg/l	mval	mval %
Na^+	29,4	1,28	17,53	F^-	0,1	0,003	0,04
K^+	8,1	0,21	2,87	Cl^-	37,8	1,07	15,04
NH_4^+	0,0	–	–	NO_3^-	0,0	–	–
Mg^{++}	24,3	2,00	27,39	NO_2	0,0	–	–
Ca^{++}	76,3	3,81	52,19	HCO_3^-	256,3	4,20	59,07
Mn^{++}	Spuren			SO_4^{--}	88,5	1,84	25,87
Fe^{++}	0,1	0,003	0,04	PO_4^{---}	0,03		
$Na^+ + K^+$	37,5	1,49	20,40				
$Ca^{++} + Mg^{++}$	100,6	5,81	79,58				
Summe:		7,30	100,02			7,11	99,98

Spektrographische Analyse:

Stoffinhalt > 1%	1–0,1%	0,1–0,01%	Spuren (< 0,01%)
Mg		Li B	Mn Cu Mo
Ca K	Si	Al	
Na		Ti Fe	Sr Zn V

Analytiker: Dipl.-Chem. URBÁNKOVÁ

Graphische Darstellung des Grundwasserchemismus

Das Prinzip der graphischen und zahlenmäßigen Charakterisierung des Grundwasserchemismus besteht in der Darstellung der Verhältnisse der einzelnen Ionen und deren Gruppen, die den chemischen Charakter des Wassers bestimmen.

Zum Vergleich und zur Klassifikation einer größeren Anzahl von Wasseranalysen eines bestimmten Gebietes empfiehlt es sich, eine der zahlreichen Darstellungsmethoden zur Unterscheidung der hydrochemischen und genetischen Verhältnisse des Grundwassers in den einzelnen Grundwasserstockwerken zu benutzen. Die graphischen Klassifikationssysteme, deren Anwendung ganz spezifisch ist, beruhen auf den unterschiedlichen physikalischen Eigenschaften des Grundwassers und auf dem unterschiedlichen Gehalt des Wassers an gelösten Stoffen. Keine der bisher üblichen hydrochemischen graphischen Darstellungen kann gleichzeitig informieren über

1. die absoluten Gehalte der einzelnen Ionen,
2. das Verhältnis einzelner miteinander verglichener Ionen,
3. die genaue Darstellung selbst der kleinsten Konzentrationen der gelösten Stoffe,
4. den Unterschied der hydrochemischen Grundwassergattungen,
5. genetische Fragen des Grundwassers (hierunter sind vor allem die Beziehungen zwischen Grundwasserchemismus und Chemismus der durchflossenen Gesteine zu verstehen).

Die in Tab. 1 gezeigte Einteilung der graphischen Darstellungsmethoden hat eine graphische Figur (Punkt, Linie, Vieleck, unregelmäßige Fläche) zur Grundlage (also kein Koordinatensystem — Dreiecknetz, Vierecknetz, semilogarithmische Skala usw.). Eine besondere Stellung nimmt in diesem System die Zahlensymbolik ein.

Die Flächenmethode wird ausschließlich für Kartierungszwecke, die anderen Methoden auch zur Darstellung anderer Untersuchungsergebnisse benutzt.

Jede dieser graphischen Methoden dient außer zur Eintragung der chemischen Analyse in die hydrogeologische Karte bzw. Deckpause der Lösung statistischer und genetischer Fragen und vergleichenden Betrachtungen.

Da in vorliegender Arbeit vor allem die Fragen der Kartierung behandelt werden sollen, werden die hierfür nicht benötigten graphischen Darstellungsmethoden nur gestreift.

Als Beispiel dient die in Tab. 2 dargestellte Wasseranalyse aus Pištan. Das Wasser wurde einem 15 m tiefen Brunnen des Wasserwerkes der Stadt Lovositz entnommen, der in Sanden und Schottern der unteren Elbterrasse steht. Das Liegende dieser Ablagerungen bilden mittelturone Sandsteine.

Punktmethode

Hierbei werden die Ergebnisse der chemischen Analyse als Punkte in Dreiecke, Vierecke oder kombinierte Figuren eingezeichnet. Durch die Lage des Punktes innerhalb dieser geometrischen Figuren wird eine Charakteristik des Wasserchemismus gegeben. Die Punktmethode hat ihre Bedeutung vor allem bei der Lösung genetischer Fragen.

An der Entwicklung dieser Methode waren vor allem H. HARRASSOWITZ (1931, 1934), K. KREJCI (1934), N. N. TOLSTICHIN (1934, 1937) und A. M. PIPER (1944) beteiligt.

Linienmethode

Die chemische Wasseranalyse wird durch eine Linie oder Kurve dargestellt.

Bei hydrogeologischen Kartierungsarbeiten wird diese Methode vor allem in Form der Isocheme (Linie gleichen Gehaltes an bestimmten Ionen) benutzt. Derartige Darstellungen können nur beim Vorhandensein eines genügend dichten Netzes von Beobachtungspunkten angewandt werden.

Diese Methode ist geeignet, bei Spezialkartierungen den Wechsel der Konzentration bestimmter Ionen bei verschiedenen Grundwasserspiegelsenkungen im Fassungsbereich von Wasserwerken zu zeigen. In Gebieten mit Thermal- und Mineralwasser können durch Isothermen und Isochemen Beziehungen vom Grundwasserchemismus zum tektonischen Bau dargestellt werden.

In hydrologisch komplizierten Gebieten, in denen auf Störungslinien eine Migration und Mischung der genetisch verschiedenen Grundwasserarten aus verschiedenen Stockwerken möglich ist, kann die Linienmethode infolge des zu starken Wechsels der Gehalte auch auf kleinstem Raum nicht angewandt werden. Sie verlangt also ein enges Beobachtungsnetz und ein tektonisch ruhiges Gebiet.

Zur Darstellung vertikaler hydrochemischer Zonen des Grundwassers eignet sich eine von G. ROGERS (1917) entwickelte Methode. Auf der Ordinate wird die Tiefenlage der Grundwasserstockwerke, auf der Abszisse die Konzentration der Ionen in absoluten Einheiten (mg, mval) dargestellt. Vor allem hydrologische und hydrochemische Profile können auf diese Weise dargestellt werden.

Die übrigen Darstellungsarten, die zur Linienmethode gerechnet werden, sind für Kartierungszwecke nicht geeignet.

Methode der Zahlensymbole und Charakterkoeffizienten

Bei dieser Methode wird die chemische Wasseranalyse durch Zahlensymbole dargestellt. Die den Chemismus des Wassers charakterisierende Ziffernformel ist kein mathematisches Verhältnis, sondern sie ist als reines Symbol aufzufassen. Von den verschiedenen Darstellungsarten dieser Gruppe verdient vor allem die Formel von M. G. KURLOV (1928) Erwähnung. In ihr erscheinen im Zähler in der Reihenfolge der Konzentration die Anionen, im Nenner die Kationen. Der Index gibt die Konzentration in mval% an. Es werden nur die Ionen dargestellt, deren Konzentration größer als 5 mval% ist. Vor dem Bruch sind der Wert für die Gesamtmineralisation in g/l, hinter dem Bruch die Ionen mit geringerer Konzentration als 5 mval% aufgeführt sowie die Temperatur angegeben. Besondere Verfahren wurden für Erdölwässer entwickelt. Sie geben die Gehalte an Chloriden und Karbonaten an.

In Spezialkarten werden teilweise am Beobachtungspunkt (Quelle, Brunnen, Bohrung) zahlenmäßige Angaben über den Gehalt an gelösten Stoffen und die Tiefe des Grundwasserstockwerks in Form eines Bruches gemacht.

Figuren- und Kolonnenmethode

Hierzu gehören verschiedene Arten der Darstellung. Einmal werden auf sechs bzw. acht von einem Punkt ausgehenden Strahlen die Gehalte an verschiedenen gelösten Stoffen aufgetragen. Verbindet man die so erhaltenen Punkte, dann ergibt sich ein unregelmäßiges Vieleck.

W. PETRASCHECK (1904) und E. HINTZ (1907) entwickelten die Kolonnendarstellung. In zwei bzw. drei Kolonnen werden die Gehalte an Anionen und Kationen sowie die Härte des Wassers dargestellt. Werden die Werte in mval% angegeben, gibt die Länge der Kolonne auch den Mineralisationsgrad an.

Von den zahlreichen Kolonnendiagrammen wird heute nur noch das Diagramm von ROGERS (1917) angewendet, das eigentlich nur eine Darstellung der PALMERschen Indizes ist. Das Kolonnendiagramm nach W. D. COLLINS (1923) stellt das vereinfachte ROGERS-Diagramm dar.

Zur graphischen Darstellung der hydrochemischen Tiefenzonen des Grundwassers ist die Methode von H. A. STIFF (1951) gut geeignet. Rechts von einer vertikal verlaufenden Nullinie, die gleichzeitig als Skala für die Tiefenlage des wasserführenden Stockwerks dient, werden die Anionen, links von ihr die Kationen dargestellt. Die erhaltenen Punkte werden zu einem unregelmäßigen Vieleck verbunden.

Abb. 1. Abb. 2.

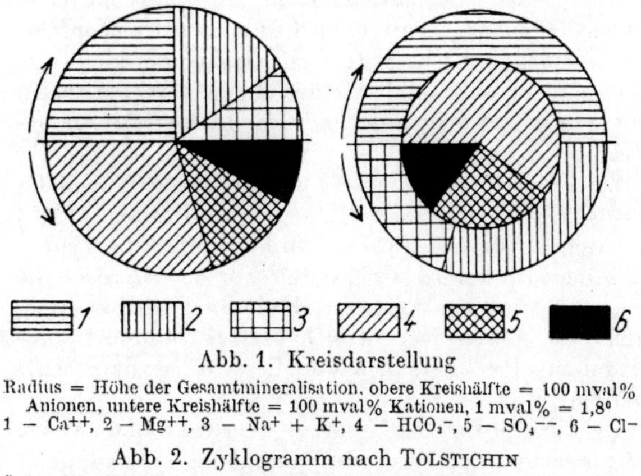

Abb. 1. Kreisdarstellung

Radius = Höhe der Gesamtmineralisation, obere Kreishälfte = 100 mval% Anionen, untere Kreishälfte = 100 mval% Kationen, 1 mval% = 1,8°
1 – Ca^{++}, 2 – Mg^{++}, 3 – Na^{+} + K^{+}, 4 – HCO_3^{-}, 5 – SO_4^{--}, 6 – Cl^{-}

Abb. 2. Zyklogramm nach TOLSTICHIN

Äußere Kreisfläche = 100 mval% Kationen, innere Kreisfläche = 100 mval% Anionen, 1 mval% ≙ 3,6°

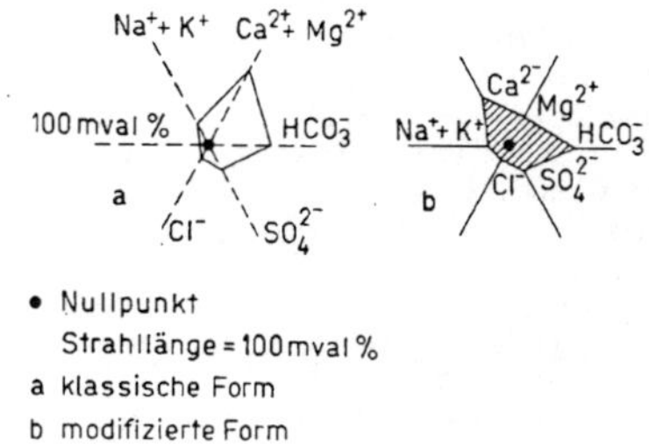

Abb. 3. Darstellung nach TICKEL

Amerikanische Hydrogeologen verwenden meist die Kreisdarstellung. 100 mval% entsprechen entweder 180° oder 360°. Auch hierfür sind verschiedene Darstellungsmöglichkeiten bekannt. Alle diese Methoden ermöglichen zwar eine möglichst weitgehende Darstellung der chemischen Analysen, erschweren aber wegen ihrer geringen Übersichtlichkeit einen Vergleich der einzelnen Analysenergebnisse.

Flächenmethode

Mittels dieser Methode können gleichartige Grundwässer auf der Karte generalisierend zusammengefaßt werden. Durch die Art der Schraffen bzw. der Farbe ist eine qualitative Unterscheidung, durch die Stärke der Schraffen bzw. der Farbe eine quantitative Unterscheidung (Mineralisationsgrad) möglich. Die quantitative Einteilung erfolgt in Stufen (z. B. beim Eisen: bis 0,3 mg/l, 0,3–0,5 mg/l, 0,5–1,0 mg/l, über 1 mg/l).

Entsprechend den Erfordernissen wird bei hydrogeologischen Kartierungsarbeiten die Darstellungsmethode gewählt (Abb. 1 bis 7, Diagramm nach KURLOV). Im allgemeinen dienen die Punktdiagramme zur Lösung genetischer Fragen und zum Vergleich der verschiedenen Analysen. Die Liniendarstellung wird für Vergleiche angewandt. Die Zahlenmethode ermöglicht statistische Vergleiche. Die Flächenmethode wird für Kartierungszwecke verwandt.

Schwierigkeiten bereitet die Darstellung von chemisch unterschiedlichen Grundwässern aus verschiedenen Stockwerken. Bei der kartenmäßigen Darstellung derartiger chemischer Beobachtungen besteht z. Z. noch keine Einheitlichkeit. Auf Grund seiner Arbeiten kommt Verf. zu dem Schluß, daß zur vollkommenen Darstellung der hydrogeologischen Verhältnisse folgende Blätter notwendig sind:

1. das hydrogeologische Grundblatt, in dem die hydrogeologischen, hydrologischen, hydrophysikalischen und hydrodynamischen Verhältnisse aller Grundwasserstockwerke des kartierten Gebietes in horizontaler Projektion eingetragen werden;
2. die hydrogeologische und hydrochemische Profilkarte, in der die unter 1. angeführten Verhältnisse — ergänzt durch die Hydrochemie — in vertikaler Projektion dargestellt werden;
3. das hydrochemische Blatt (Horizontalprojektion), in dem die Grundwassergattungen (Grundwasserstockwerke) im Hinblick auf ihre hydrochemischen Eigenschaften unterschieden werden.

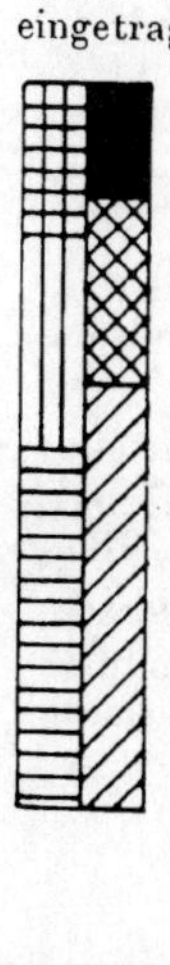

Abb. 4. Darstellung nach COLLINS

Kolonnenlänge = Höhe der Gesamtmineralisation
linke Kolonnenhälfte = 100 mval% Kationen,
rechte Kolonnenhälfte = 100 mval% Anionen

(Legende s. Abb. 1 und 2)

Diagramm nach KURLOV

a — klassische Formel: $M\,4{,}44\,\frac{HCO^3_{59}\,SO^4_{26}Cl_{15}}{Ca_{53}\,Mg_{27}\,Na_{20}}\,T_{9,5}Li^+\,Ti^+$

b — modifizierte Formel: $M\,4{,}44\,\frac{U_{59}S_{26}C_{15}}{AZ_{79}A_{20}K_{0{,}04}}\,T_{9,5}$

M — Gesamtmineralisation (g/l), T — Temperatur (°C), + — Spurenelemente in höheren Konzentrationen, U — Karbonate (HCO_3^-), S — Sulfate (SO_4^{--}), C — Chloride (Cl^-), AZ — Erdalkalien ($Ca^{++} + Mg^{++}$), A — Alkalien ($Na^+ + K^+$), K — Metalle ($Fe^{++} + Mn^{++}$) in mg/l

Auf dem mit 3. bezeichneten hydrochemischen Blatt wird nur der Chemismus des obersten Grundwasserstockwerks nach der Figuren- oder Zahlenmethode, die eine vollkommene Erfassung der Analysenwerte ermöglicht, dargestellt. Der Chemismus der tieferen Stockwerke gelangt in der Profilkarte zur Darstellung. Hierbei bedient man sich am besten des Diagramms nach H. A. STIFF. Hydrochemisch einheitliche Grundwasserstockwerke können nach der Flächenmethode oder mittels Zahlensymbole (Diagramm nach M. G. KURLOV) dargestellt werden.

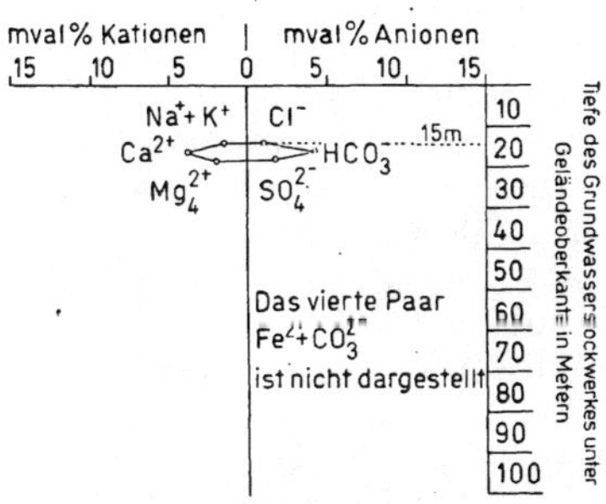

Abb. 5. Tiefendiagramm nach STIFF

Sollen die verschiedenen Grundwasserstockwerke im Hinblick auf ihren Chemismus in horizontaler Projektion direkt im hydrochemischen Blatt zur Darstellung gelangen, kann dies in Form der Zahlenmethode (M. G. KURLOV) geschehen. Die einzelnen Stockwerke werden von oben nach unten durch römische Ziffern bezeichnet. Als Index erscheint die Tiefenlage (z. B. I_{10}, II_{50}, III_{95}).

Auf dem hydrogeologischen Blatt kann der Chemismus des ersten Grundwasserstockwerks durch Schraffur, des zweiten Grundwasserstockwerks durch Farbwerte und der tieferen durch Zyklogramme, Kolonnen oder das KURLOV-Diagramm eingetragen werden.

Es empfiehlt sich, das hydrochemische Blatt durch kleinmaßstäbliche Spezialkarten (Temperatur, CO_2, F und andere seltene, aber für das kartierte Gebiet typische Zonen) zu ergänzen. Genetisch wichtige Spurenelemente sollten als Zahlenindex oder als Zeichensymbol in die Karte aufgenommen werden.

In den hydrogeologisch-hydrochemischen Profilen ist die Darstellung einfacher, da hier die Stockwerke übereinander gezeichnet werden. Zur chemischen Charakteristik empfiehlt sich das Diagramm von H. A. STIFF, da es auch die Lösung genetischer Fragen ermöglicht.

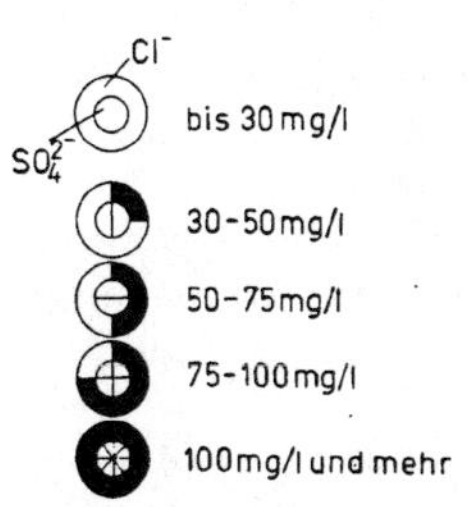

Abb. 6. Darstellung der Chlorid- und Sulfatkonzentration nach der Figurenmethode

Die Wahl der Darstellungsmethode hängt von den chemisch-genetischen Verhältnissen des Grundwassers und der Anzahl der Stockwerke ab.

Bei Spezialkarten wird die Unterscheidung der absoluten Gehalte (mg/l) wichtiger Stoffe von Bedeutung sein, da sie am besten den Erfordernissen der Technik (Wasserversorgung, Bauwesen usw.) entspricht. Der chemische Typ des Wassers ist hierbei von untergeordneter Bedeutung.

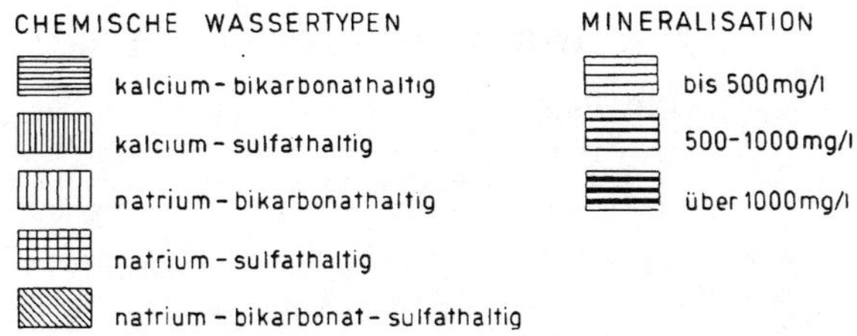

Abb. 7. Darstellung des chemischen Wassertyps und des Mineralisationsgrades. (Die Wassertypen entsprechen den hydrochemischen Zonen des Grundwassers im Falkenauer Becken.)

Die Anzahl der Analysenpunkte hängt von den hydrogeologischen, hydrochemischen und z. T. auch von den hydrophysikalischen Gegegebenheiten der Grundwasserleiter ab. Die Anzahl der hydrochemischen Beobachtungspunkte ist im allgemeinen geringer als die der hydrogeologischen. Anfangs werden Vollanalysen des Wassers angefertigt. Nachdem der chemische Charakter der Grundwässer bekannt ist, braucht nur noch die Konzentration der stark wechselnden Ionen bestimmt zu werden. Von Zeit zu Zeit werden zur Kontrolle an allen Punkten Vollanalysen angefertigt. Die Probenahme erfolgt regelmäßig viermal im Jahr.

Zusammenfassung

Es werden verschiedene graphische Darstellungsmöglichkeiten der hydrochemischen Verhältnisse auf hydrogeologischen Karten sowie die Problematik und der Umfang hydrogeologischer Kartierungsarbeiten behandelt. Die Darstellung der hydrochemischen Verhältnisse bei hydrogeologischen Kartierungen ist bis jetzt noch nicht einheitlich. Entsprechend dem Zweck der Arbeiten werden verschiedene Darstellungsmethoden gewählt. Durch geeignete graphische Methoden sowie die Zahlenmethode lassen sich sowohl die hydrochemischen als auch die hydrogeologischen, hydrophysikalischen und hydrodynamischen Verhältnisse in kurzen formelartigen Symbolen erfassen.

Резюме

Разбираются различные возможности изображения гидрохимических условий на гидрогеологических картах, а также проблематика и объем гидрогеологических съемочных работ. Изображение гидрохимических условий при гидрогеологической съемке до сих пор еще не является единообразным. В зависимости от цели работ выбираются различные методы изображения. На основе пригодных графических методов, а также метода чисел, можно изображать гидрохимические, гидрогеологические, гидрофизические и гидродинамические условия в виде кратких формулоподобных символов.

Summary

The paper deals with various possibilities of graphic representation of hydrochemical conditions on hydrogeological maps, as well as with the problems and scope of hydrogeological mapping. There is no standard method so far in representing hydrochemical conditions during hydrogeological mapping. Various methods of representation are chosen in conformity with the object of the works to be accomplished. Appropriate graphic methods and the use of figures enable to express both the hydrochemical and hydrogeological, hydrophysical and hydrodynamic conditions in brief formula-like symbols.

Literatur

Die im Text zitierte Literatur ist bereits in folgenden beiden Arbeiten dargestellt:

HEM, I. D.: Study and Interpretation of the Chemical Characteristics of Natural Water. — Geological Survey Water-Supply Paper. United States Government Printing Office, Washington 1959.

SCHOELLER, H.: Géochimie des Eaux Souterraines. — Revue de l'Institut Français du Pétrole, 1955.

Zeitschrift für angewandte Geologie (1961) Heft 12

Die magnetische Anomalie von Delitzsch

(Mitteilung aus dem VEB Geophysik, Leipzig)

FRIEDRICH-WILHELM WAGNER, Eisenhüttenstadt

In Verbindung mit den vom VEB Geophysik seit 1951 durchgeführten erdmagnetischen Regionalaufnahmen wurde auch die Hallesche Mulde und damit die aus früheren Veröffentlichungen bekannte Delitzscher Anomalie eng vermessen. Das erhaltene, bis in Einzelheiten gesicherte magnetische Störungsbild gibt wichtige Hinweise auf den verborgenen Gebirgsbau dieses Gebietes.

Schon O. GÖLLNITZ (1919) erfaßte bei seiner Vermessung des ehemaligen sächsischen Staatsgebietes ein zwischen Leipzig und Delitzsch gelegenes magnetisches Maximum, dessen Bedeutung er aber verkannte. Erst H. REICH (1926) forschte nach der Ursache dieser magnetischen Störung. Seine unter Vorbehalt geäußerte Ansicht, daß die Anomalie durch das nördlich Leipzig mächtiger werdende Tertiär bedingt sein könne, wird von E. BEIN (1933) endgültig abgelehnt, da im gesamten Gebiet nördlich und auch nordöstlich Leipzig mit entsprechenden Tertiärmächtigkeiten zu rechnen ist, ohne daß das Störbild ähnliche Verhältnisse wie im Bereich der Delitzscher Anomalie zeigt.

Erstmals wurde die Anomalie zwischen Leipzig und Delitzsch durch E. BEIN in ihrer Form genauer erfaßt und erhielt den Namen „Delitzscher Anomalie". Sie stellt eine deutlich durch zwei Hauptrichtungen gekennzeichnete Struktur dar. Die südöstliche Teilanomalie mit Störwerten knapp unter 200 γ zeigt erzgebirgisches Streichen, die im Nordwesten anschließende Hauptanomalie mit Störwerten von 250 γ im Maximum herzynisches Streichen. In der magnetischen Übersichtskarte der DDR, die von R. LAUTERBACH (1953/54) veröffentlicht wurde, deutet sich dieses Streichen ebenfalls in dem von der 200-γ-Isanomale umschlossenen Bereich an.

Als Ursache der Anomalie nimmt E. BEIN kristalline Gesteine im Untergrund an. Aus der Parallelität der erzgebirgisch streichenden Teilanomalie zu der kristallinen Schwelle des Saxothuringikums, die magnetisch durch die Saaleanomalie und die Anomalien von Dessau und Oranienbaum in ihrem nordöstlichen Ende fixiert ist, folgert er, daß sich in dieser Teilanomalie ein Zug kristallinen Grundgebirges abbildet, der ebenfalls der KOSSMATschen Zone IIIa des Varistikums angehören soll. Bei der Deutung der herzynisch streichenden Anomalie greift er auf Untersuchungen von T. BRANDES (1920) zurück, der eine Zone von der Hettstedter Gebirgsbrücke bis in den Raum Leipzig annimmt, in der es im jüngeren Paläozoikum zu einer Querfaltung gekommen sein soll. Die Kreuzungsgebiete dieser tektonischen Störungszone mit dem varistischen Faltensystem zeichnen sich durch eine relative Hochlage des Kristallins aus. Im magnetischen Bild müßte also eine Überlagerung beider Richtungen zu beobachten sein, wie es für die Delitzscher Anomalie auch tatsächlich zutrifft.

Da die Saaleanomalie, die derselben herzynisch streichenden Querzone angehört, eine derartige Richtungsaufspaltung nicht zeigt, ist es fraglich, ob dieses Deutungsschema den tatsächlichen Verhältnissen gerecht wird, zumal sich unter Berücksichtigung des geologischen Aufbaus der näheren und weiteren Umgebung sowie der Schwerekarte eine weniger hypothetische Erklärung der Delitzscher Anomalie finden läßt.

R. LAUTERBACH (1938) weist bei der Besprechung der Ergebnisse seiner magnetischen Aufnahme Nordwestsachsens und Nordostthüringens erstmalig darauf hin, daß auch Ergußgesteine des Unterrotliegenden als Ursache der magnetischen Störung in Betracht zu ziehen sind. Bei seiner Vermessung wird allerdings nur der Südteil der Delitzscher Anomalie erfaßt, der sich schon annähernd in der durch die jüngste Vermessung festgestellten Form im Isanomalenbild zeigt. Interessant ist, daß die Anomalie eine steilherzynische Streichrichtung erhält, die sich vor allem in der südwestlichen Teilanomalie, die auch in der neuen Vermessung als besonders charakteristisches Element hervortritt, ausprägt. Im Südosten deutet sich die schon in der BEINschen Aufnahme sehr deutlich erkennbare erzgebirgisch streichende Begrenzung der Anomalie an. Auf Grund der zum Teil unregelmäßigen Form der magnetischen Störung und einer Betrachtung des tieferen Untergrundes ihrer Umgebung, soweit dieser durch Bohrungen und Aufschlüsse bekannt ist, nimmt R. LAUTERBACH an, daß auch im Bereich der Anomalie Porphyre vorhanden sein müssen, da sie westlich (Bohrung Schwoitzsch, Meßtischblatt Dieskau 4538), nordwestlich (Aufschluß bei Landsberg, Meßtischblatt Brehna 4439), nördlich (zwischen Bitterfeld und Golpa) und östlich (nordwestsächsische Porphyre) der Anomalie bekannt sind. Im Süden werden infolge von in Bohrungen bei Wiederitzsch, Podelwitz und im Stadtgebiet von Leipzig erbohrten Kaolins ebenfalls Porphyre vermutet. Jedoch ist diese Annahme, besonders nach den Ergebnissen einer Bohrung bei Leipzig (R. HOHL 1955), die unter Kaolin Granit antraf, anzuzweifeln. Genaue Untersuchungen des Kaolins einer weiteren Bohrung lassen ebenfalls vermuten, daß er aus einem Granit bzw. einem Gneis entstanden ist. Die Annahme, daß die Porphyre der Halleschen Mulde mit denen des Nordwestsächsischen Beckens in Zusammenhang stehen, verliert damit eine ihrer wesentlichen Stützen. M. LEHMANN (1959) lehnt auf Grund der Ergebnisse der magnetischen Regionalaufnahme Nordwestsachsens eine Verbindung der nordwestsächsischen Porphyrplatte zur Anomalie von Delitzsch sogar vollkommen ab. Aber trotz dieser Einwände bleibt der Hinweis, daß die Anomalie teilweise durch Porphyre bedingt sei, ein wertvoller Beitrag zur Klärung ihrer Ursachen.

Weiterhin nimmt R. LAUTERBACH (1938) in Anlehnung an E. BEIN im Bereich der Anomalie die Wurzeln der Porphyrergüsse des Halleschen Raumes an. Ob dieser Pluton mit dem Leipziger Granit, der zur Zeit seiner Untersuchungen nur indirekt durch die Kontaktwirkungen nachgewiesen war, eine genetische Einheit bildet, bleibt dahingestellt. Die Abnahme der Störwerte in nordöstlicher Richtung wird auf eine Mächtigkeitsabnahme der Porphyre außerhalb des vermuteten Eruptivzentrums zurückgeführt.

Nach neueren Untersuchungsergebnissen sind diese Schlußfolgerungen kaum noch zu rechtfertigen. Die Suszeptibilitäten der Porphyre der Halleschen Mulde und auch Nordwestsachsens liegen nämlich in Größenordnungen, die Störwerte zwischen 100 und 200 γ über

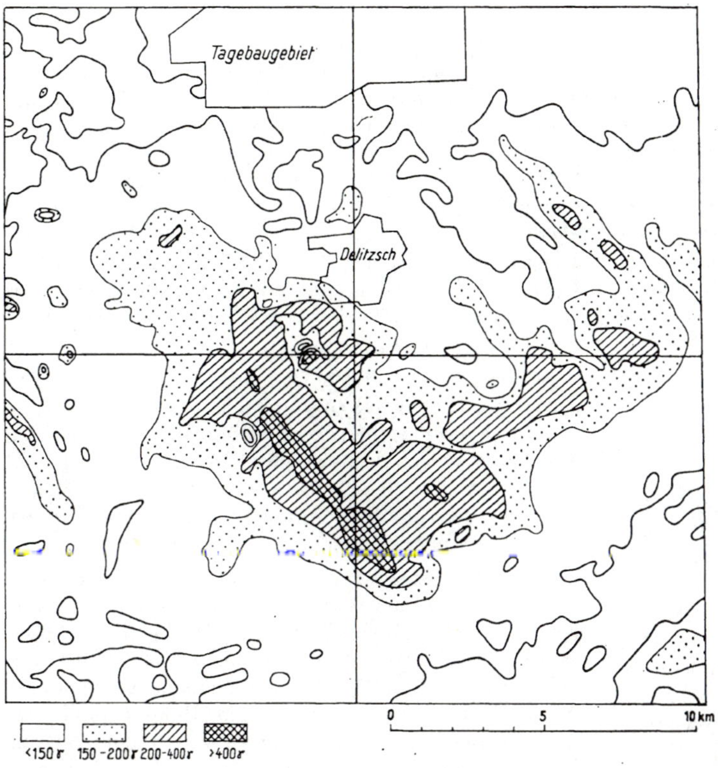

Abb. 1. Magnetische ΔZ-Anomalien (γ)

anstehendem Gestein erwarten lassen. Da auch über dem Löbejüner Porphyr (Älterer Hallescher Porphyr), der nachweislich eine recht erhebliche Mächtigkeit besitzt (Bohrung Sennewitz: mehr als 876 m, Bohrung Gimritz: mehr als 594 m), keine höheren Störwerte ermittelt werden konnten, sind die erhöhten Werte innerhalb der Delitzscher Anomalie nur durch Änderungen der Suszeptibilität zu erklären, während Mächtigkeitsunterschiede im Vergleich dazu vernachlässigbar kleine Feldänderungen hervorrufen. Aus der Veränderung der Suszeptibilität muß man wohl schlußfolgern, daß diese mit einem Wechsel der Gesteinsart verbunden ist, wenn keine abnorm hohe Magnetisierung des Porphyrs vorausgesetzt werden soll. Bekannte Gesteine, die eine genügend große Suszeptibilität besitzen können, sind die sowohl in der Halleschen Mulde als auch in Nordwestsachsen vorkommenden Porphyrite. Ihre enge Vergesellschaftung mit den Quarzporphyren scheint geologisch genügend gesichert, um diesen Gesteinstyp als Ursache einzelner Anomalien, die sich durch verhältnismäßig hohe Störwerte auszeichnen, anzusprechen.

Abb. 1 vermittelt einen Überblick über die Form der Delitzscher Anomalie nach der neuen Vermessung. Der Übergang zum Verbreitungsgebiet der Halleschen Porphyre vollzieht sich so stetig, daß man die Delitzscher Anomalie — zunächst natürlich nur rein formal — als eine mit diesem Bereich aufs engste verbundene Einheit betrachten möchte. Das charakteristische Merkmal der neuen Ergebnisse ist eine Auflösung der Anomalie in herzynisch streichende Teilanomalien, von denen die südwestliche, sowohl hinsichtlich der Störhöhe als auch der räumlichen Ausdehnung, als Hauptanomalie anzusprechen ist.

Im Vergleich zu dieser Anomalie sind die anderen herzynisch streichenden Teilstörungen weniger auffällig. Sie wirken aber auf die Gesamtgestalt der Anomalie entscheidend ein und dürfen bei der geologischen Deutung und Erschließung nicht unbeachtet bleiben. Im Südosten stehen die herzynischen Teilanomalien miteinander in Verbindung. Die herzynische Hauptanomalie erreicht durch Überlagerung mit der erzgebirgischen Anomalie im Südosten die höchsten Störwerte (Zentralanomalie mit über 500 γ).

Im Gegensatz zu dem kontinuierlichen Übergang der Delitzscher Anomalie zum nordwestlich anschließenden Gebiet der Halleschen Mulde wird sie im Südosten durch die erzgebirgisch streichenden Isolinien mehr oder weniger scharf abgeschnitten. Eine unmittelbare Verbindung zum Nordwestsächsischen Porphyrgebiet dürfte daher wohl kaum bestehen.

Obwohl die Delitzscher Anomalie mit dem Halleschen Porphyrgebiet eng verbunden ist, nimmt sie innerhalb der Halleschen Mulde eine Sonderstellung ein. Im Vergleich zu den Anomalien, die in anderen Gebieten über Porphyren ermittelt wurden, besitzt die Delitzscher Anomalie eine geringere Gliederung und wesentlich größere Ausdehnung. Ähnliche Verhältnisse treten bei Anomalien auf, die als Wirkung kristalliner Schwellen aufgefaßt werden können. Um erste Anhaltspunkte über die vermutliche Tiefenlage des magnetisch wirksamen Gesteins im Raum Delitzsch zu gewinnen, sollen die Verhältnisse, die im Bereich der Dessauer Anomalie angetroffen wurden, zu einer vergleichenden Betrachtung herangezogen werden. Die maximalen Störwerte der Dessauer Anomalie liegen in der Größenordnung der im Maximum der Delitzscher Anomalie angetroffenen Störwerte.

E. BEIN gab für die Anomalie von Dessau eine Poltiefe von ca. 400 m an, die aus der Halbwertsbreite berechnet wurde. Nach der gleichen Methode ergibt sich für die Delitzscher Anomalie eine solche von ca. 230 m. Berücksichtigt man, daß der in einigen Bohrungen bei Dessau in einer Teufe von 100 bis 150 m angefahrene Granit wegen seiner geringen Suszeptibilität nicht als Ursache der Anomalie in Frage kommt, sondern diese durch die etwas tiefer liegenden basischen Randpartien bewirkt werden muß, so kann man auf eine Tiefenlage der Oberfläche des im Raum Delitzsch magnetisch wirksamen Gesteinskomplexes von etwa 150 m schließen.

Die Frage nach der Art des Gesteins ist entsprechend diesen Hinweisen noch zu ergänzen. Wie bereits erwähnt, nimmt R. LAUTERBACH (1938) an, daß die Delitzscher Anomalie mit einem Ausbruchszentrum der Porphyre in Zusammenhang steht. Die magnetische Störung setzt sich also aus der Wirkung der Porphyre und des zugehörigen tieferliegenden Magmenkörpers zusammen. Da die Anomalie im Vergleich zu den magnetischen Störungen, die nachweislich auf die Wirkung von Porphyren zurückgeführt werden können, viel zu großräumig und gleichmäßig ausgebildet ist, sind also höchstens die Einzelerscheinungen der Gesamtanomalie als überlagernde Porphyrwirkungen anzusehen. Das magnetische Bild läßt eine weitgehende Homogenität und relativ hohe Suszeptibilität des wirksamen Störkörpers vermuten. Diese beiden geforderten Eigenschaften weisen die bekannten Porphyre zugleich nicht auf. So kann man zum Beispiel bei dem Löbejüner Porphyr eine ziemlich gleichbleibende Magnetisierung bei verhältnismäßig niedrigen Suszeptibilitäten feststellen, während einige Jüngere Porphyre in weiten Grenzen variierende Suszeptibilitäten besitzen, die in ihren Maximalwerten zwei- bis dreimal höher liegen als die des Löbejüner Porphyrs. Recht hohe Suszeptibilitätswerte der Eruptiva der Halleschen Mulde konnten dagegen bei Porphyriten ermittelt werden. Die obersten Grenzwerte liegen etwa eine Zehnerpotenz über denen der Porphyre. Aus diesem Grund ist es wahrscheinlich, daß unter stärkeren Anomalien basischere Gesteine (Porphyrite) anstehen.

Wichtige Hinweise über den tieferen Untergrund, die über die Ergebnisse der magnetischen Messungen hinausgehen, lassen sich aus den Ergebnissen der Schweremessung gewinnen (Abb. 2). Das Isogammenbild zeigt das ausgedehnte Schweretiefgebiet von Wurzen—Delitzsch, dessen Streichrichtung durch die in Abb. 2 eingetragene Minusachse gekennzeichnet ist. G. SIEMENS (1953) vertritt die Ansicht, daß die Schwerestruktur in enger Beziehung zum nordwestsächsischen Porphyrvulkanismus steht und daß sich in den Schweretiefgebieten von Meißen, Wurzen—Delitzsch und dem des Subherzynen Beckens eine alte Schwächezone schweremäßig andeutet. Interessant ist nun, daß sich die herzynischen Teilanomalien des Delitzscher Gesamtstörungskomplexes parallel auf der WSW-Flanke des Delitzscher Schwereminimums anordnen und sich dadurch als zugehörig zu der von G. SIEMENS angenommenen Schwächezone erweisen.

Das Schweretiefgebiet von Wurzen—Delitzsch gliedert sich in zwei Teilminima, die durch ein Gebiet geringen Schwereanstiegs, eine Einschnürung, die durch die schwache Schwereplusachse gekennzeichnet ist, voneinander getrennt sind. Bemerkenswert ist, daß diese Plusachse etwa mit dem magnetischen relativen Minimum zusammenfällt, das die Porphyrgebiete von Halle und Nordwestsachsen trennt. Vermutlich steht die Schwerezunahme und die Verringerung der magnetischen Feldstärke mit einem veränderten Gesteinsbestand in ursächlichem Zusammenhang. Das ausgedehnte Schwereminimum ist am besten durch einen granitischen Tiefenkörper zu erklären, der in der gravimetrischen Plusachse unterbrochen ist und dessen Teile mit dem Porphyrvulkanismus Nordwestsachsens bzw. der Halleschen Mulde genetisch auf das engste verbunden sind. Die durch die erzgebirgisch streichenden Elemente des magnetischen und des Schwerebildes gekennzeichnete tektonische Zwischenzone dürfte im wesentlichen aus älteren paläozoischen Sedimenten bestehen, die dem Nordsächsischen Sattel angehören. Im Südosten und Nordwesten schließen sich an den Sattelkern jüngere Schichten des Paläozoikums an. Da die Hallesche Mulde als Teil der Oos-Saale-Senke etwas älter als das Nordwestsächsische Becken ist, können im Nordwesten neben unterrotliegenden Sedimenten und Eruptivgesteinen noch jungkarbonische Schichten angetroffen werden, während im Südosten ausschließlich Unterrotliegendes zu erwarten ist. Jüngere Schichtglieder, also Oberrotliegendes und sämtliche mesozoischen Formationen, fehlen beiderseits des Sattels wahrscheinlich völlig, da für den Störkörper der Delitzscher Anomalie eine verhältnismäßig geringe Poltiefe ermittelt wurde.

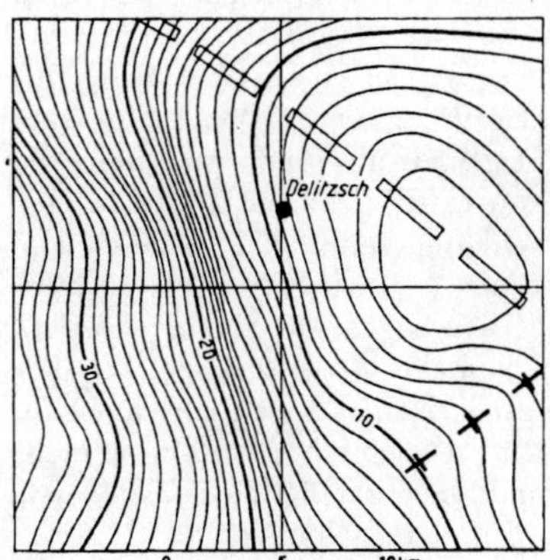

Abb. 2. BOUGUER-Schwerestörung (mGal)

Interessant ist weiterhin, daß sich gerade die herzynisch streichende Hauptanomalie südlich Delitzsch außerhalb der gravimetrischen Minimalzone im Bereich des äußerst steilen Anstieges der Schwerewerte befindet. Sie kann darum als Ausdruck einer basischeren Randzone des das Schwereminimum erzeugenden Plutons gewertet werden.

Die Spezialuntersuchung einer räumlich sehr kleinen, wegen ihrer Störhöhe von über 1500 γ erwähnenswerten Anomalie innerhalb des Delitzscher Hochs (in der Nordostecke des Meßtischblattes Zwochau 4539) ergibt eine Poltiefe von ca. 170 m. Da das Isanomalenbild dieser Anomalie für einen magnetischen Dipol typisch ist, läßt sich aus den Störwerten im Maximum und relativen Minimum eine Poldistanz abschätzen, aus der man dann die Teufe der Oberkante des magnetisch wirksamen Materials mit ca. 120 m bestimmen kann, wenn der Störkörper als Stabmagnet angesehen wird. Dieser physikalische Ersatz kann für ein schlotförmiges Gebilde, dessen Querschnitt gegenüber der Länge klein ist, angenommen werden. Die Suszeptibilität des diese Anomalie verursachenden Materials muß bei der Höhe der Störwerte und der noch recht großen Teufe erheblich sein, so daß man auch hier ein basisches Gestein vermuten kann.

Zusammenfassung

Die erdmagnetische Anomalie von Delitzsch stellt eine geophysikalisch und auch geologisch äußerst interessante Erscheinung dar. Verf. hat neben der Erläuterung der geophysikalischen Meßergebnisse versucht, das geophysikalische Bild geologisch zu deuten. Die endgültige Klärung der Ursachen der Meßbilder muß allerdings Bohrungen vorbehalten bleiben.

Резюме

Магнитная аномалия около Делитцш и в геофизическом и в геологическом отношениях представляет собой крайне интересное явление. Нарнду с объяснением геофизических измерительных результатов, автор попытался интерпретировать полученную картину в геологическом отношении. Правда, окончательное выяснение причин полученных измерительных картин может быть достигнуто лишь скважинами.

Summary

The magnetic anomaly of Delitzsch represents an extremely interesting phenomenon from both a geophysical and geological point of view. In addition to discussing geophysical measuring results an attempt is made by the author to give a geological interpretation of the geophysical image. However, a final explanation of the causes of the test diagrams must be left to drillings.

Literatur

BEIN, E.: Die Geologie des Gebietes zwischen Saale und Elbe im Lichte erdmagnetischer Messungen. — Beitr. phys. Erforsch. Erdrinde, H. 6, Berlin 1933.

BRANDES, T.: Die varistischen Züge im geologischen Bau Mitteldeutschlands. — N. Jb. Min., Geol. Paläont., Beil. Bd. 44, 1920.

GÖLLNITZ, O.: Die Vermessung des Sächsischen Staatsgebietes. — Beitr. Jb. Berg- u. Hüttenwesen in Sachsen, Freiberg 1919.

HOHL, R.: Der Leipziger Granit. — Geologie, 4, S. 23—26 (1955).

LAUTERBACH, R.: Geomagnetische Untersuchungen in Nordwestsachsen und Nordostthüringen. — Veröff. Geophys. Inst. Univ. Leipzig, Leipzig 1938.

— Beiträge zur tektonischen Deutung der geomagnetischen Übersichtskarte der DDR. — Wiss. Z. Karl-Marx-Univ. Leipzig, math.-naturwiss. Reihe, H. 3, 1953/54.

LEHMANN, M.: Erdmagnetische Regionalvermessung Nordwestsachsens. — Z. angew. Geol., 5, S. 250—254 (1959).

REICH, H.: Magnetische Messungen im Aachener und Erkelenzer Steinkohlenrevier und ein Versuch ihrer geologischen Deutung. — Jb. preuß. geol. Landesanst., Bd. 47, Berlin 1926.

SIEMENS, G.: Die Schwerekarte der DDR. — Freib. Forsch.-H., C 7, 1953.

Hydrochemische Untersuchungen im Küstengebiet von Koszalin–Gdańsk[1]

JADWIGA GUMUŁKA, Kraków

Die Mitarbeiter des Labors für Wasser, Erdöl und Erdgas der Abteilung Geochemie des Erdölinstituts Kraków befassen sich seit 1951 mit Quell- und Brunnenwasseruntersuchungen. Zunächst wurden etwa zehn kleine Gebiete und Strukturen in verschiedenen Teilen Polens detailliert hydrochemisch kartiert. Die Ergebnisse dieser in geologisch unterschiedlich ausgebildeten Gebieten durchgeführten Untersuchungen bestätigten, daß die hydrochemische Methode innerhalb der komplexen geochemischen Oberflächenkartierung beim Aufsuchen von Erdöl- und Erdgaslagern geeignet ist[2]). In den Jahren 1957 und 1958 erfolgte dann durch J. GUMUŁKA, J. KRZECZKOWSKA, Z. PRZYBYLSKI, K. PIESZCZYŃSKI, T. LENK und J. RADECKA im Küstengebiet von Koszalin—Gdańsk die erste regionale hydrochemische Aufnahme. Der tiefere geologische Bau des Küstengebietes von Koszalin—Gdańsk war, abgesehen von den Ergebnissen seismischer und gravimetrischer Arbeiten, nicht genau bekannt. Die in drei Etappen durchgeführten hydrochemischen Untersuchungen erfaßten ein Gebiet mit einer Oberfläche von etwa 21000 km².

In der ersten Etappe erfolgte eine Übersichtsaufnahme des nördlichen Teils des genannten Küstengebiets in der Umgebung von Łeba—Lębork—Wejherowo. In einem 300 km² großen Gebiet wurden aus Quellen, Brunnen und Flüssen 50 Wasserproben entnommen. Obwohl zunächst nur eine Übersichtsaufnahme durchgeführt wurde, war das Probennetz relativ dicht, nämlich eine Wasserprobe auf 6 km².

In diesen Wässern wurden nur Chlorid, Bitumina und die Mineralisation bestimmt; diese „Kurz"analysen zeigten, daß im Auftreten dieser Komponenten deutliche quantitative Unterschiede bestehen. Die Untersuchungen gaben die Möglichkeit, die nahezu vollkommene Übereinstimmung zwischen der Verteilung der Wässer mit erhöhten Chloridgehalten und ihrer Mineralisation nachzuweisen. Eine ähnliche Übereinstimmung ergab sich, mit Ausnahme des Gebietes nordöstlich von Lębork, für den Bitumengehalt. Darüber hinaus wurde festgestellt, daß sich der Chemismus der Flußwässer, abgesehen von der deutlichen Abnahme des Chloridgehalts mit wachsender Entfernung vom Meer, nicht in Abhängigkeit von den durchflossenen Gebieten verändert. Daher wurden diese Analysen bei der Interpretation nicht berücksichtigt, und von einer Probenahme in den Flüssen wurde bei der erweiterten hydrochemischen Aufnahme abgesehen. Auf der Grundlage der Übersichtsaufnahme wurden für eingehendere geochemische Untersuchungen drei Gebiete ausgegliedert.

In der zweiten Etappe wurden in einem etwa 8700 km² großen Gebiet bei Ustka, Bytów, Kartuzy und Wejherowo etwa 160 Quell- und Brunnenwasserproben entnommen, wobei auf 54 km² eine Probe entfiel. Die zweite Etappe der Arbeiten bestand in der Ermittlung solcher geochemischer Indikatoren, die am besten die hydrochemischen Bedingungen im Küstengebiet von Koszalin—Gdańsk kennzeichnen. In Zusammenhang damit wurden für die meisten Wässer chemische Vollanalysen ausgeführt. Dabei stellte man fest, daß im Untersuchungsgebiet zwei Arten von Wässern auftreten, die sich hinsichtlich des Mineralisationsgrades unterscheiden, und zwar Wässer mit höherer Mineralisation, die höhere Kalzium-, Magnesium- und Chloridgehalte aufweisen (ihr Verbreitungsgebiet wird durch Isolinien gekennzeichnet), sowie Wässer mit geringerer Mineralisation. Aus den geochemischen Karten, in denen die absoluten Gehalte von Ca, Mg und Cl in den Wässern (ausgedrückt in mval/l) dargestellt sind, ist ersichtlich, daß die Wässer, sowohl die mit hohen als auch die mit geringeren Ca-, Mg- und Cl-Gehalten, ausgedehnte Isoliniengebiete ähnlicher Gestalt mit gemeinsamen Maxima liefern, deren Achsen vorwiegend in NW—SE-Richtung verlaufen. Der sich abzeichnende Gegensatz zwischen diesen beiden Typen der Wässer bleibt auch in einem größeren Raum erhalten (Abb.).

Die bisherigen Überlegungen stützten sich auf die absoluten Gehalte der chemischen Komponenten. Sie wurden vervollständigt durch die Untersuchungen der Äquivalentkoeffizienten einzelner chemischer Komponenten. Die Bestimmung des chemischen Charakters der stark und schwach mineralisierten Wässer (unter besonderer Berücksichtigung der natürlichen Quellen) erfolgte mit Hilfe der Verhältnisse Mg/Ca und HCO_3/Cl. Das Mg/Ca-Verhältnis liegt zwischen 0,08 und 0,50, das HCO_3/Cl-Verhältnis zwischen 0,8 und 22.

Die stärker mineralisierten Wässer besitzen meist ein etwas höheres Mg/Ca-Verhältnis und ein niedriges HCO_3/Cl-Verhältnis. Eine Ausnahme bilden die Wässer in der Umgebung von Bytów und Skarszewo, die ein mittleres Mg/Ca-Verhältnis und ein sehr hohes HCO_3/Cl-Verhältnis aufweisen, was durch die hohen Gehalte an Kohlensäure und Kalzium bei niedrigem Chloridgehalt bedingt ist. Für die schwach mineralisierten Wässer ist in der Hauptsache ein niedriges Mg/Ca-Verhältnis typisch, das HCO_3/Cl-Verhältnis hat dagegen mittlere

[1]) Zusammenfassung eines Referats, gehalten auf der II. Wissenschaftlichen Konferenz der Erdölinstitute Polens, der Tschechoslowakei und Ungarns am 3. 12. 1959. — Deutsche Übersetzung des Originalbeitrages: W. OESTREICH.

[2]) Über die geologischen Ergebnisse der Untersuchungen berichtete J. STRZETELSKI in Heft 9, S. 448—452 dieser Zeitschrift.

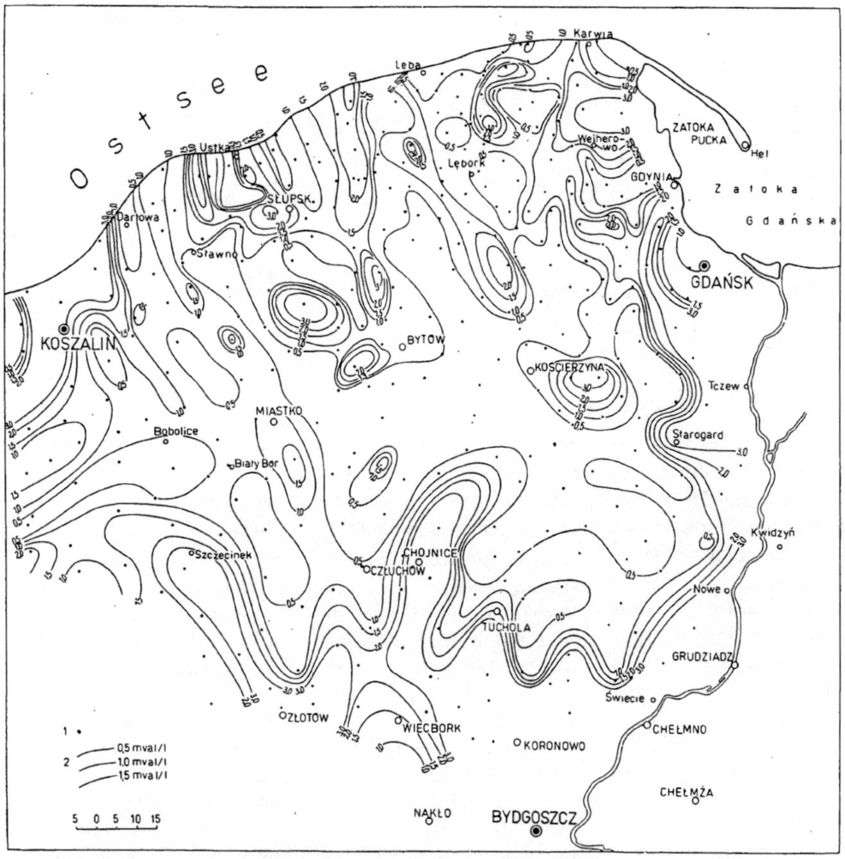

Abb. Hydrochemische Karte der Chloridgehalte in Quell- und Brunnenwässern

1 – Probeentnahmepunkte, 2 – Linien gleichen Chloridgehalts (0,5; 1,0; 1,5; 2,0; 3,0 und darüber) in mval/l

oder höhere Werte. In Anbetracht der hohen Chloridgehalte werden dieser Wassertyp sowie die Quellwässer, die eine schwächere Mineralisation und ein höheres Mg/Ca-Verhältnis zeigen, im Gebiet von Wejherowo—Kartuzy—Gdańsk nicht berücksichtigt. Die zweite Etappe der Untersuchungen auf der Grundlage der hydrochemischen Indikatoren wies auf die Möglichkeit hin, daß zusätzliche hydrochemische Anomalien im Raum von Koszalin, Darłowo und südlich von Gdańsk auftreten.

Im Zusammenhang damit wurde im Jahre 1958 das Untersuchungsgebiet nach Westen und Süden erweitert. In einem 12000 km² großen Gebiet wurden etwa 150 Quell- und Brunnenwasserproben entnommen, wobei auf 80 km² eine Probe entfiel. Als neue Indikatoren wurden die Spurenelemente Jod und Bor eingeführt, die nach W. A. SULIN und anderen Autoren als Indikatoren der Erdölführung gelten. Die Untersuchungen ergaben für die Wässer aus dem Gebiet von Koszalin, Szczecinek, Chojnice und Bydgoszcz zu 60% Jodgehalte zwischen $1-24 \cdot 10^{-3}$ mg/l.

Höhere Gehalte wurden im nordwestlichen Gebiet (Darłowo, Koszalin) sowie südlich und südöstlich von Koszalin bis Szczecinek ermittelt. In den Mineralwässern von Połczyn wurde ebenfalls Jod in kleineren Mengen festgestellt. Es handelt sich um Gebiete, die in der Nachbarschaft bzw. in der Verlängerung der Struktur von Kołobrzeg liegen, wo Solevorkommen bekannt sind. Jodhaltige Wässer treten ferner im Gebiet von Więcbork—Koronowo—Bydgoszcz und in der Umgebung von Chojnice auf.

Bor tritt in den untersuchten Wässern sowohl im Hinblick auf die Verteilung als auch auf die Menge parallel mit Jod auf. Im größeren Rahmen deckt sich das Auftreten von Jod und Bor mit den Gebieten, in denen höhere Ca-, Mg- und Cl-Gehalte zu beobachten sind. Wahrscheinlich können die Gehalte von Jod und Bor unter den hier herrschenden Verhältnissen bei der Untersuchung der Erdölführung ausgewertet werden; jedoch ist noch eine Bestätigung durch weitere Arbeiten erforderlich.

Bei den detaillierteren Arbeiten entfiel eine Wasserprobe auf 1—5 km², bei den regionalen Aufnahmen auf 6—50—80 km².

Die Wasserproben wurden in erster Linie aus Quellen, vor allem aus Mineralquellen, entnommen und erst in zweiter Linie aus Brunnen. Bei der Entnahme der Brunnenwässer war besonders die Möglichkeit zu beachten, daß die Brunnen durch Abwässer verunreinigt sein können oder daß evtl. andere Faktoren den Chemismus des Wassers beeinflussen, z. B. die Nachbarschaft von Sumpfböden, Torflagern, Raseneisenerzen usw.

Die Entnahme der Wasserproben aus dem gegebenen Gebiet mußte in möglichst kurzer Zeit, bei gleichen meteorologischen Verhältnissen, durchgeführt werden. Eine Probenahme bei langanhaltenden Niederschlägen ist nicht günstig.

Zur Ermittlung eines genauen Bildes des Chemismus der Wässer war die Mehrzahl der Bestandteile am Entnahmepunkt unter Feldbedingungen zu bestimmen, weitere Bestimmungen wurden im Labor ausgeführt. Die Analyse der Proben im Gelände ermöglichte es, an Hand der ermittelten Ergebnisse gegebenenfalls sofort das Probenahmenetz zu verdichten, das Untersuchungsgebiet zu erweitern usw.

Folgerungen

Um festzustellen, ob bestimmte Elemente — insbesondere Jod — als Indikatoren einer Erdölführung gelten können, wie das W. A. SULIN behauptet, und ob diese Indikatoren im polnischen Flachland beim Aufsuchen von Erdöl dienen können, sind zusätzliche geochemische und geologische Untersuchungen erforderlich.

Die erhaltenen Ergebnisse ermöglichten bereits während der Untersuchungen die Ermittlung weiterer anomaler Gebiete und die experimentelle Bestätigung der Annahmen. Unter Zugrundelegung der bisherigen Erfahrungen wurde eine Methodik zur Durchführung detaillierter und regionaler hydrochemischer Kartierungsarbeiten entwickelt. Es wurde festgestellt, daß zur sicheren hydrochemischen Kartierung von Gebieten nicht nur die Struktur, sondern auch ihre Umgebung untersucht werden muß, um den chemischen Charakter der umgebenden, kontrastierenden Wässer zu erfassen.

Die bisher erzielten Ergebnisse der Untersuchungen auf bekannten Strukturen und die hier vorgelegte Arbeit gestatten die Schlußfolgerung, daß hydrochemische Untersuchungen eine große Hilfe bei der Ermittlung von Strukturen oder Gebieten darstellen, die im Hinblick auf ihre Erdölführung aussichtsreich sind.

Zusammenfassung

Regionale hydrochemische Untersuchungen im Küstengebiet von Koszalin—Gdańsk gaben die Möglichkeit, eine zuverlässige Gruppe hydrochemischer Indikatoren zu ermitteln (die absoluten Gehalte von Kalzium, Magnesium und Chlorid sowie die Spurenelemente Jod und Bor), mit deren Hilfe in diesem Gebiet hinreichend genaue hydrochemische Unterscheidungen möglich sind. Die Spurenelemente Jod und Bor können bei der Untersuchung der Aussichten der Erdölführung des Gebietes Verwendung finden. Darüber hinaus wurden zur Erfassung der chemischen Ähnlichkeit der Wässer und der Erweiterung der Basis der Indikatoren die Verhältnisse HCO_3/Cl und Mg/Ca bestimmt.

Резюме

Региональные гидрохимические исследования в прибрежном районе между Кошалином и Гданьском позволили выделить надежную группу гидрохимических показателей (а именно абсолютные содержания кальция, магния и хлорида, а также присутствие рассеянных элементов иод и бор), с помощью которых в этом районе становятся возможными достаточно точные гидрохимические выделения. Рассеянные элементы иод и бор могут быть использованы при исследовании перспективности района на нефть. Сверх того, для установления химической сходности вод и с целью расширения базиса показателей, были определены соотношения HCO_3/Cl и Mg/Ca.

Summary

Regional hydrochemical investigations in the Koszalin—Gdańsk coastal area offered a possibility to determine a reliable group of hydrochemical indicators (such as the absolute contents of calcium, magnesium and chloride as well as the trace elements iodine and boron), with whose help hydrochemical differentiations are possible with fair accuracy in this area. The trace elements iodine and boron can be used in the exploration of the area for petroleum. In addition, relations existing between HCO_3 and Cl as well as Mg and Ca have been determined in order to cover the chemical affinity of the waters and to extend the basis of the indicators.

Literatur

ALEKIN, O. A.: Grundlagen der Hydrochemie. — Warschau 1956, S. 268, 304 (poln. Übers. d. russ. Originals).

KAZMINA, T. J.: Ber. Akad. Wiss. UdSSR. — Bd. LXXVII, Nr. 2, 1951.

KAWEJEW, M. C.: Ber. Akad. Wiss. UdSSR. — Bd. 61, Nr. 2, 1948.

OBUCHOWSKA, I. & J. JUST: Gas, Wasser und sanitäre Technik. — Nr. 5, 1952, S. 141 (poln.).

STRZETELSKI, J.: Nafta, Nr. 7—8, 1959 (poln.).

SULIN, W. A.: Die Wässer der Erdöllagerstätten im System der natürlichen Wässer. — Moskau—Leningrad 1946 (russ.).

Bericht über die Bohrung Płońsk 1[1)]

JOSEF STEMULAK, Warszawa

In das Programm der geologischen Untersuchungen am Rand der Russischen Tafel, die vom Geologischen Institut mit den Bohrungen in Ełk (Lyck), Pisz (Johannisburg), Ostrów Mazowiecka und Glowaczów begonnen wurde, hat sich im Jahre 1956 die Erdölindustrie mit der Bohrung in Płońsk eingeschaltet.

Die Bohrung Płońsk 1 wurde am Rande einer sich weit erstreckenden gravimetrischen Struktur (gravimetrisches Hoch) angesetzt, die in ihrem nordöstlichen Teil bereits durch Bohrungen (Ełk, Pisz, Ostrów Mazowiecka) untersucht worden ist (Abb. 1). Diese Bohrung sollte Aufschluß über die Hebung und das Auskeilen mesozoischer und jungpaläozoischer Schichten am Rande der Tafel geben. Gleichzeitig wurde mit dem möglichen Auftreten von Bitumenanreicherungen gerechnet, falls man am Rand der Tafel auf eine Antiklinale oder eine stratigraphische Falle treffen sollte. Als möglicher Bitumenspeicher wurde die Untere Kreide angesehen, in der man auch während des Bohrens Erdölanzeichen feststellte, die dann durch die Analyse der entnommenen Spülprobe bestätigt wurden. Auch in den Kernen wurde der Bitumengehalt ermittelt.

Bei der Ausarbeitung dieses Beitrages hatte die Bohrung Płońsk 1 eine Teufe von 1934 m erreicht, sie soll aber auf Grund der bisherigen Ergebnisse noch weiter abgeteuft werden.

Die Untersuchung der Bohrkerne und Trümmerproben sowie die Karottageergebnisse, ergänzt durch Bestimmung der Makro- und Mikrofauna, ergaben folgendes geologisches Profil (Abb. 2):

0—57 m: Sande, Kiese, grauer Lehm mit Geröllen kristalliner Gesteine — Moräne (Quartär)

57—263 m: grüner, roter und gelbgrüner plastischer Ton — Posener Ton (Pliozän)

Im Kern aus 226—243 m Teufe tritt im Liegenden des Posener Tons eine stark sandige Kohlenschluffeinlagerung auf, die ins Miozän gestellt wird. Im Liegenden dieser Serie, im Kernmarsch aus 258—263 m Teufe, konnte die Grenze zwischen den Bildungen des Deckgebirges und der Kalkserie der Oberkreide festgelegt werden.

263—287 m: grünlichgraue, schwach sandige Mergel mit Glaukonit. Ein aus einer in 258—264 m Teufe entnommenen Probe angefertigter Schliff ließ zahlreiche Foraminiferenreste, Quarzpelite sowie unregelmäßig liegende Schwammnadeln erkennen. Manche Partien des Schliffs weisen eine Imprägnierung mit einer isotropen Substanz, wahrscheinlich

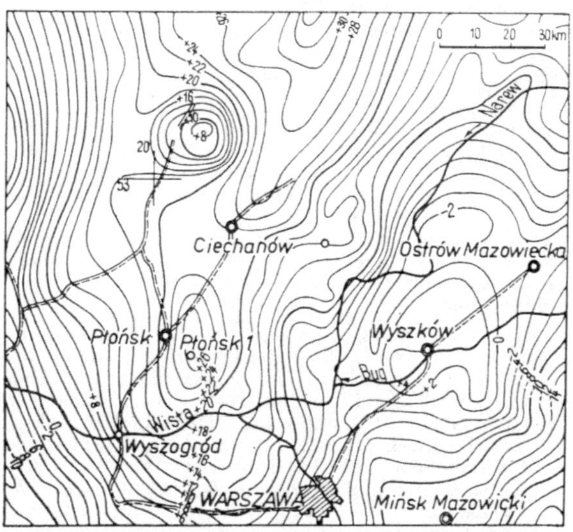

Abb. 1. Gravimetrische Karte des Gebiets Płońsk—Warszawa—Ostrów Mazowiecka (nach A. DĄBROWSKI)

[1)] Aus: „Kwartalnik Geologiczny", Bd. 1, Nr. 2, 1957 (etwas gekürzt).

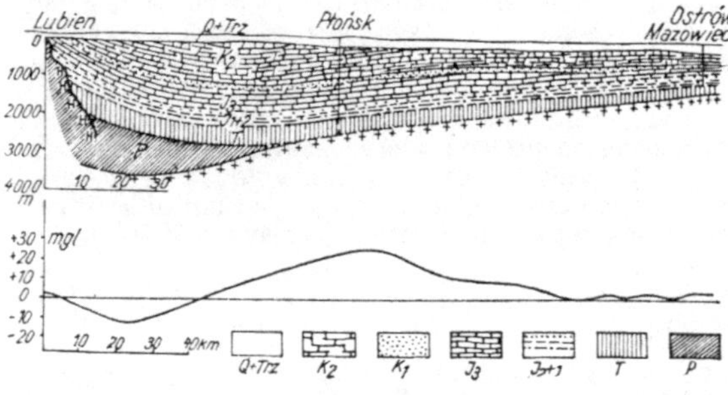

Abb. 2. Schematisches Profil durch den Tafelrand im Gebiet von Płońsk

Q + Trz — Quartär und Tertiär, K_2 — Obere Kreide, K_1 — Untere Kreide, J_3 — oberer Jura, J_{2+1} — mittlerer und unterer Jura, T — Trias, P — Perm mit der Salzformation

Kieselsäure, auf. F. HUSS (1957) bestimmte in dieser Kernstrecke die Mikrofauna: *Neoflabellina reticulata* (REUSS), *Bolivina incrassata* (REUSS), *Cobicides harperi* (SAND), *Bolivinoides decorata decorata* JONES, *Bolivinoides draco miliaris* HILT. & KOCH., *Ataxophragmium compactum* BROTZEN, *Verneuilina* sp. Auf Grund dieser Formen wurden diese Schichten ins Maastricht eingestuft. In ihrer lithologischen Ausbildung erinnert diese Serie an das Dan.

287—483 m: hellgraue und bläulichgraue, stellenweise sandige Mergel. Auf einen erheblichen Sandgehalt des Mergels im Bereich zwischen 400—470 m weist die Bohrlochmeßkurve hin. Die von E. ODRZYWOLSKA-BIENKOWA (1957) hier bestimmte Mikrofauna deutet auf Maastricht. Unter anderen wurden gefunden: *Neoflabellina reticulata* (REUSS), *Bolivinoides draco* (MARSSON).

483—710 m: hellgraue Mergel, ab einer Teufe von 580 m mit grünen Streifen und Feuersteineinlagerungen. Auf Grund der von E. ODRZYWOLSKA-BIENKOWA (1957) bestimmten Mikrofauna — *Globorotalites micheliniana* CUSH., *Stensiöina pommerana* BROTZEN, *Globotruncana arca* CUSH., *Globotruncana fornicata* PLUMER, *Bolivinoides decorata* JONES und sporadisch auftretende Bruchstücke von *Neoflabellina rugosa* (D'ORB.) — wird diese Serie in den Emscher oder das Campan eingestuft.

710—1025 m: hellgraue, grünfleckige Mergel mit Zwischenmittel aus dunklem Ton mit Feuersteinen. Unterhalb 750 m erscheinen hellgrau-gestreifte grüngetönte Mergel. In einer Teufe von 890 m gehen die Mergel in Mergelkalke über, die sich auf dem Diagramm der elektrischen Bohrlochsondierung durch eine geringe Zunahme des Widerstandes bei ziemlicher Erhöhung der Eigenpotentialwerte auszeichnen. Die letzten Feuersteine findet man in etwa 950 m Teufe. E. ODRZYWOLSKA-BIENKOWA (1957) gibt für diesen Komplex unter anderen Turon-Formen an: *Stensiöina praeexsculpta* (KELLER), *Stensiöina exsculpta gracilis* BROTZEN, *Globotruncana lapparenti bulloides* (VOGLER), *Globotruncana lapparenti coronata* (BOLLI). Außerdem wurden einige Oligosteginen nachgewiesen, und zwar Formen, die vom Cenoman bis zum Turon auftreten.

In einer Probe aus 741 m Teufe traten neben *Globotruncana* Inoceramen auf. Nach F. MITURA (1957) handelt es sich um *Inoceramus inconstans* WOODS, eine für den unteren Teil des oberen Turons (*Inoceramus-schloenbachi*-Horizont) charakteristische Art. In einer Teufe von 802 m wurden *Inoceramus* cf. *cuvieri* (SOW.), *Inoceramus striatoconcentrius* GÜMB. festgestellt, die ebenfalls für den unteren Teil des oberen Turons, *Scaphites-geinitzi*-Horizont, kennzeichnend sind.

1025—1100 m: hellgraue Mergelkalke mit dunklen Tonzwischenmitteln. Im Bereich dieser Schichten weist das Diagramm der elektrischen Bohrlochmessung eine Abnahme des Widerstandes und eine unbedeutende Zunahme der Eigenpotentialwerte auf, was schon einige Male als charakteristisches Merkmal für die Cenoman-Serien beobachtet wurde. Die aus dieser Teufe von E. ODRZYWOLSKA-BIENKOWA bestimmten Formen: *Textularia trochus* D'ORB. var. *subconica* (FRANKE), *Ticinella* sp., *Gaudryina serrata* FRANKE, *Anomalinoides globosa* BROTZEN, *Anomalina globosa* BROTZEN, *Anomalina cenomanica* BROTZEN bestätigen die Einstufung dieser Schichten ins Cenoman.

1100—1186 m: graue, glimmerhaltige Quarzsandsteine und weiße Sande des Alb. Die auf der Bohrlochmeßkurve deutlich erkennbaren Veränderungen des Eigenpotentials ermöglichten die Bestimmung der Teufe der Hangend- und Liegendgrenze dieses Komplexes.

1186—1206 m: fossilführende schwarze, glimmerhaltige, sandige Tone und Schluffe, die auf Grund ihrer petrographischen Ausbildung in die Untere Kreide eingegliedert wurden. Die Bildungen der Unteren Kreide liegen diskordant auf jurassischen Schichten.

1206 m—1272: cremefarbige Kalke, graue Mergelkalke mit *Astarte duboisiana* D'ORB. und *Provirgatites pilicensis* (L. CIMASZEWSKI — H. MAKOWSKI), die ins mittlere Bononien eingestuft wurden.

1272—1330 m: graue Kalksteine, Lumachelle und graue dolomitische Kalke, vermutlich Kimmeridge.

1330—1604 m: graue sowie hellgelbe und gelbgraue oolithische Kalksteine, die durch detritische Kalke und Staubkalke getrennt sind; sie wurden ins Astartien eingeordnet. Das Hangende und Liegende dieser Serie wurde ausschließlich auf Grund der petrographischen Zusammensetzung bestimmt; es ist möglich, daß nach der paläontologischen Untersuchung der Kerne ein Teil der Bildungen in das Kimmeridge eingeordnet werden muß.

Unter 1640 m kommen hellgraue Kalke mit Feuersteinen vor, die zum Oxford-Rauracien gehören.

Bei 1748 m gehen sie in graue Kalke mit Stylolithen sowie in braune Kalke und in ,,Knollen''-Kalke über, die auf den Kluftebenen dunkle detritische Anflüge aufweisen. Innerhalb dieser Bildungen treten Kalkeinlagen mit Glaukonit- und Pyritnestern auf. Diese Serie zeichnet sich durch eine reiche Fauna (Crinoiden und Cephalopoden) aus, die jedoch noch nicht vollständig bestimmt wurde. Bei 1778 m wurde das Hangende sandiger Bildungen durchteuft, und zwar graue, feinkörnige, dichte Sandsteine mit Linsen von inkohltem Detritus, in denen Muscheln gefunden wurden. Diese Sandsteine reichen bis in eine Teufe von 1783 m. Im Liegenden bis 1869 m kommen graue Quarzsandsteine und dunkelgraue Schiefer mit Sandaugen vor. Die ,,Knollen''-Kalke im Hangenden und die tiefer liegenden dichten faunenführenden Sandsteine gehören zweifellos zum Dogger (Callovien). Die tiefer auftretende Serie dagegen kann ebensogut zum Lias gehören. Eine genaue Grenze wird man hier erst nach der mikropaläontologischen Auswertung festlegen können. Von 1869 m bis 1934 m Teufe (Stand vom 2. 7. 1957) wurden Quarzsandsteine mit Kohlenlinsen und graue Tonschiefer sowie graugrüne Schiefer durchteuft, die zweifellos den Lias (Estherien-Schichten) vertreten. Beim Ansetzen der

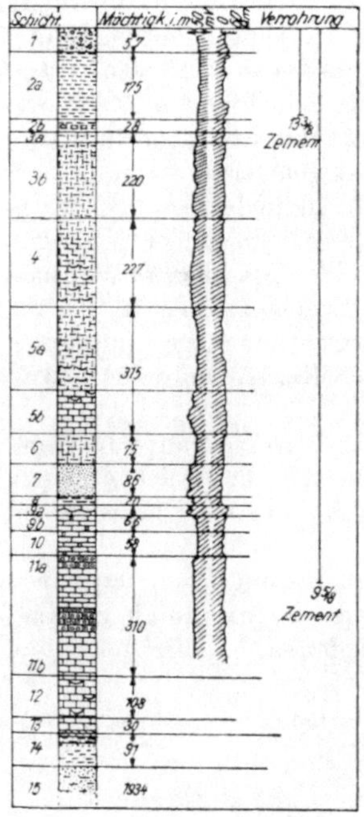

Abb. 3. Bohrprofil von der Bohrung Płońsk 1

1 — Quartär: Kiese, Sande, Lehme, Moräne; 2a — Tertiär: Posener Ton; 2b — Tertiär: kohlige Schluffe, Kiese, Sande; 3a — Maastricht: grünliche Mergel mit Glaukonit; 3b — Maastricht: hellgraue Mergel; 4 — Emscher—Campan: hellgraue Mergel mit Feuerstein; 5a — Turon: hellgraue, streifige Mergel mit Feuersteinen; 5b — Turon: graue Mergelkalke; 6 — Cenoman: graue Fleckenmergel; 7 — Alb; 8 — Untere Kreide: schwarze, sandige Tone; 9a — Bononien: Kalksteine, Lumachelle, dolomitische Kalke; 9b — Bononien; 10 — Kimmeridge; 11a — Astartien: gelbe Kalksteine, Oolithe; 11b — Astartien: graue und hellgraue Kalksteine; 12 — Oxford + Rauracien: Kalke mit Feuersteinen; 13 — Callovien: Tone und Sandsteine; 14 — Bathonien; 15 — Lias: Sandsteine und Tone

Bohrung wurde damit gerechnet, den Untergrund bei 2000 m zu erreichen. Da in einer Teufe von 1934 m erst der untere Jura (Lias) durchteuft wurde, kann selbst bei einer ziemlich erheblichen Reduzierung der mesozoischen Schichten und des jüngeren Paläozoikums das Hangende des Untergrundes erst unter 2500 m Teufe erwartet werden. In Abb. 3 ist das geologische Profil des Randes der kristallinen Tafel in der Gegend von Płońsk dargestellt.

Literatur

HUSS, F.: Untersuchungen der Mikrofauna in der Bohrung Płońsk 1. – Unveröff. Manuskript, Geol. Arch. d. Bohrbetriebes der Erdölindustrie, 1957.

MITURA, F.: Mitteilung über die Inoceramenbestimmung in der Bohrung Płonsk 1. – Unveröff. Manuskript, Geol. Arch. d. Bohrbetriebes der Erdölindustrie, 1957.

ODRZYWOLSKA-BIENKOWA, E.: Bestimmung der Mikrofauna. – Unveröff. Manuskript, Archiv des Hauptlaboratoriums der Erdölindustrie in Kraków, 1957.

Die Ergebnisse der Basisbohrung Pasłek IG I[1]

STANISŁAW TYSKI, Warszawa

Im ersten Abschnitt der geologischen Erkundung des Randes der osteuropäischen Tafel im Bereich der kaschubisch-ermländischen Senke wurde auf Vorschlag von W. POŻARSKI bei Elblag die Basisbohrung Pasłek IG I niedergebracht. Mit dieser Bohrung sollten die Ausbildung des ganzen Sedimentgesteinskomplexes, vor allem der paläozoischen Bildungen, sowie die den präkambrischen Untergrund aufbauenden Gesteine untersucht werden.

ST. TYSKI und J. ZNOSKO arbeiteten für Nordpolen „Geologische Projektgrundlagen für die allgemeinen Untersuchungen des Untergrundes im polnischen Flachland" aus. Der Ansatzpunkt der Bohrung wurde nach den Ergebnissen der geophysikalischen (gravimetrischen und magnetischen) Regionaluntersuchungen festgelegt.

Bei Ausarbeitung dieses Beitrages war die Bohrung, die am 14. Juni 1958 begonnen wurde und mit einer Rotary-Anlage Trauzl RE 53 niedergebracht wird, noch nicht beendet. Erst ab einer Teufe von 525 m wurde vollständig gekernt. Im Pleistozän und im oberen Teil der Kreide erfolgte die Kernentnahme alle 20 bis 50 m. Ähnlich wie bei allen Basisbohrungen sind auch hier Spezialuntersuchungen vorgesehen, z. B.: elektrische Bohrlochsondierungen; Messungen der natürlichen Radioaktivität, der Temperatur, der Bohrlochabweichung, der mittleren Geschwindigkeit der seismischen Wellen u. a.

Schematisches lithologisch-stratigraphisches Profil der durchteuften Schichten:

0,00–199,0 m Quartär: Geschiebelehm, verschiedenkörnige Sande, Schluffe.

Es wurden keine Daten über das Auftreten tertiärer Sedimente festgestellt.

199,00–590,40 m Obere Kreide: Infolge der nicht kontinuierlichen Kernentnahme in den oberkretazischen Bildungen sind die über die Ausbildung der Kreide gewonnenen Ergebnisse in starkem Maße fragmentarisch; trotzdem ist es auf Grund der Makro- und Mikrofauna gelungen, eine ziemlich vollständige Ausbildung der Kreide vom Oberen Maastricht bis zum Alb einschließlich festzustellen. Bis zu 506 m Teufe liegen die Schichten der Kreide in kalkiger Ausbildung vor, und zwar hauptsächlich als hellgraue Mergel und vorwiegend glaukonitische Kieselmergel. Darunter treten sandig-glaukonitische Bildungen auf.

590,40–834,60 m Malm: Die Ablagerungen des Malm sind vorwiegend durch graue sandige Schluffsteine vertreten. Untergeordnet kommen Tonsteine und schluffige Kalksteine vor. Auf Grund der Makrofauna ließ sich die folgende Stratigraphie feststellen:

- bis etwa 617 m Mittleres Bononien: Ammoniten der Gruppe der Virgatiten (Provirgatiten)
- bis etwa 747,5 m Kimmeridge: *Aulocostephanus, Cardioceras, Rasenia*
- bis 776,3 m Astartien und Rauracien: *Cardioceras* cf. *bauhini*
- bis 824,6 m, möglicherweise bis 828,4 m (keine Proben) Argovien: im oberen Teil *Cardioceras* cf. *ovale*
- bis 834,6 m Neuvizyen und Divésien: *Cardioceras cordatum*

834,60–860,00 m, vielleicht bis 873,00 m (keine Proben) Dogger: Bis ungefähr 840,40 m tritt eine knollige Schicht mit Einlagen von harten oolithischen Mergeln auf, darunter liegt klumpiger Mergelkalkstein. Typische Fauna der Cosmoceraten-Zonen sowie der Zonen mit *Kepplerites calloviensis* und *Macrocephalites typicus*. Es wurde also sowohl das obere als auch das untere Callovien festgestellt. Tiefer zum Liegenden des Doggers hin treten schwarze, durch hellen Sand gebänderte Tone auf, die auf Grund lithologischer Vergleiche zum Bathonien gehören.

873,00 m? bis 1006,1 m: Lias: Im Bereich der Liasablagerungen wurden folgende Schichtenserien ausgeschieden:

- bis 907,5 m sandige Serie über der Estherien-Serie
- bis 934,8 m tonige Serie, in deren oberen Teil die für die grüne Estherien-Serie typischen graugrünen Tonsteine auftreten
- bis 965,0 m sandige Serie mit Quarzitkiesen im mittleren Teil
- bis 975,0 m tonige Serie: Tonsteine und fette, schmierige Tone, grau oder hellschokoladenfarbig; eventuell unterer Lias
- bis 1006,1 m sandige Serie mit Quarzkiesen im Liegenden; Liegendserie des Lias

1006,1 m –1027,8 m Rät: Im oberen Teil der als Rät betrachteten Schichtenfolge treten bräunliche, graugrüne Feinsande oder mürbe Sandsteine mit grünen Tonzwischenmitteln auf; darunter Konglomerate aus schlecht abgerundeten Dolomitgeröllen, verkittet mit tonig-sandigem Bindemittel; Dolomite, graugrün, sandig; Tonsteine, dunkelgraugrün oder kirschrot.

1027,8 m–1072,0 m Unterer Keuper: Schluffsteine und Tonsteine, dunkelgrau, glimmerhaltig mit Florenresten; ähnliche Sandsteine; Einlagerungen von sandigen, glimmerhaltigen Dolomiten mit Florenresten; graue Konglomerateinschaltung, zusammengesetzt aus tonigen durch karbonatisches Bindemittel verkitteten Geröllen. Auf Grund der lithologischen Ausbildung sind W. KARASZEWSKI und J. ZNOSKO geneigt, diese Serie als Bildungen des Unteren Keupers zu betrachten.

1072,00 m – ungefähr 1592,00 m (?) Buntsandstein (älter als Röt): Schluffsteine, rotbraun; Tonsteine, grün und kirschrot, fleckig, glimmerhaltig, häufig dolomitisch; Sandsteine ziegelrot, schluffig, schwach bindig, Fischschuppen und Estherien.

Ab 1274 m Teufe geringmächtige Zwischenschichten von sandigen Kalksteinen. Ab 1300 m Teufe treten in den Schluffsteinen Anhydriteinsprengungen und -gängchen auf.

In 1420,0 m–1440,0 m Teufe treten oolithische Kalksteineinlagerungen mit einer Mächtigkeit von einigen cm auf. In den unteren Partien des vermutlichen Buntsandsteins werden die Schluffsteine stellenweise dolomitisch, sehr hart und fest.

Die Grenze zwischen Buntsandstein und Zechstein wurde laut Übereinkunft bei etwa 1592 m Tiefe angenommen.

Von etwa 1592 m (?) – etwa 1965 m Zechstein: Im Hangenden des vermutlichen Zechsteins treten in den kirschroten Schluffsteinen sehr zahlreiche Anhydriteinsprengungen, -imprägnationen und -zwischenschichten sowie Einlagen von dolomitischen Kalksteinen auf. Zahlreiche tektonische Gleitflächen wurden festgestellt.

[1]) Aus: „Przeglad Geologiczny", Nr. 6, 1959, S. 272–273 (etwas gekürzt).

Das stratigraphische Profil des Zechsteins:
Die obenbeschriebenen Schichten sowie 3,5 m Anhydrite gehören wahrscheinlich der Aller-Serie an.

1602 m—1637,0 m Leine-Serie: etwa 4 m Leine-Steinsalz, etwa 29 m Hauptanhydrit, etwa 0,10—0,20 m Plattendolomit, etwa 0,40—0,50 m grauer Salzton

1637,0 m—1727,7 m Staßfurt-Serie: etwa 1 m Hangendanhydrit, etwa 72 m Staßfurt-Steinsalz, etwa 11 m Basalanhydrit, etwa 6,5 m Hauptdolomit

1727,7 m — ca. 1965 m Werra-Serie: etwa 27 m oberer Werra-Anhydrit, etwa 1 m Werra-Steinsalz, etwa 193,5 m unterer Anhydrit, über 6 m Werra-Dolomite, 0,30 m Kupferschiefer und im Liegenden etwa 10 m Dolomite sowie helle Arkosesandsteine

Ab etwa 1965 m — (nicht durchteuft) Silur: Tonschiefer, graugrünlich, kalkfrei, in der Hangendpartie ab und zu sekundär rötlich gefärbt, mit dünnen, bis 0,5 cm starken Zwischenlagen von sekundären faserigen Anhydriten. Ab einer Teufe von 1980 m tritt eine eintönige Serie dunkelgrauer und graugrünlicher Tonschiefer auf, unterhalb 2100 m Teufe dünne kalkig-sandige Einlagen; manchmal wurden Klüfte und tektonische Harnische festgestellt.

Bis zum 25. 5. 1959 erreichte die Bohrung eine Teufe von 2208,7 m.

Auf Grund der Graptholitenfauna wurde festgestellt, daß die bisher bis 2088,3 m Teufe untersuchte Hangendserie den unteren Teil des Mittleren Ludlow, die Zone mit *Monograptus formosus*, repräsentiert.

Die mikropaläontologische und paläontologische Bearbeitung der Bohrung erfolgte in den entsprechenden Unterabteilungen der Abteilung Stratigraphie, die petrographische Bearbeitung in der Abteilung Petrographie und Geochemie des Geologischen Instituts. Im Speziallaboratorium der Abteilung Erdöl-, Gas- und Salzlagerstätten des Geologischen Instituts werden die Untersuchungen des Bitumengehalts und in gewissem Umfang auch die geochemischen Untersuchungen durchgeführt.

Ein rationelles Teilnaßschleifverfahren für die Herstellung von Salzgesteinsdünnschliffen

(Mitteilung aus dem Zentralen Geologischen Institut, Berlin)

Wolfgang Clauss & Wolfram Gottesmann, Berlin

1. Bisherige Methodik der Herstellung von Salzgesteinsdünnschliffen

Die Herstellung von guten Salzgesteinsdünnschliffen bereitet gegenüber der normalen Dünnschliffherstellung besondere Schwierigkeiten, die durch die leichte Löslichkeit des zu bearbeitenden Materials in Wasser und vielen anderen Flüssigkeiten bedingt sind. Viele organische Flüssigkeiten sind wiederum nicht verwendbar, da sie lösend auf den Kanadabalsam einwirken (z. B. Alkohol, Petroleum, Benzol). Die verschiedensten Verfahren zur Überwindung dieser materialbedingten Schwierigkeiten wurden im wesentlichen von Sturmfels (1943) zusammenfassend diskutiert.

1.1 Öl als Schleifflüssigkeit

Eine verbreitete Methode ist die Verwendung verschiedener Öle als Flüssigkeit beim Schleifprozeß [Erdnußöl nach Naumann (1911, s. Sturmfels 1943), Nähmaschinenöl, Knochenöl, Olivenöl nach Sturmfels (1943) Rapsöl, getrocknetes Transformatorenöl nach mündl. Mitt. von E. Herforth am Jenaer Mineral.-Petrograph. Institut]. Die von Verf. mit Paraffinöl durchgeführten Versuche bestätigen die von Sturmfels (1943) festgestellten verschiedenen Nachteile der Ölmethode.

Nach vorherigem Herunterschleifen des Schleifstückes auf grobem Schleifleinen bis auf ca. 2 mm (s. 1.3) erfolgte das sogenannte Feinschleifen mit Paraffinöl und Läpppulver auf Spiegelglas. Es stellte sich heraus, daß sich der Schliff sehr schnell auf der Glasplatte festsaugt, da das dickflüssige Paraffinöl unter dem Schliff weggedrückt wird. Bei geringerem Druck besteht kaum eine Schleif-, sondern mehr eine Schmierwirkung, weil der Schliff auf dem Öl schwimmt oder rutscht. Bei größerem Druck hingegen kommt es zu Rißbildungen. Das Paraffinöl kommt mit dem Kanadabalsam auf der Unterseite des Schliffstückes in Berührung und bringt ihn zum Quellen. Dabei können Blasen entstehen und Teile des Schliffes zu driften beginnen.

1.2 Glykol als Schleifflüssigkeit

Auf Grund seiner negativen Erfahrungen mit Ölen verwendete Sturmfels (1943) als Schleifflüssigkeit Glykol, das er als „ideales Schleifmittel" bezeichnet, da Glykol weder Kanadabalsam noch Halit und Sylvin löst. Carnallit trat in dem von Sturmfels bearbeiteten Material nicht auf. Glykol löst jedoch sehr gut Carnallit, so daß es nicht als Universalmittel gelten kann.

1.3 Trockenes Schleifen

Bereits Korreng (zitiert bei Sturmfels 1943) benutzte Sandpapier für den Grobschliff und eine matte Glasscheibe ohne Schmirgel oder Öl für den Feinschliff. Dieses „trockene Verfahren" hat sich bei uns in modifizierter Form vor der Entwicklung des Teilnaßschleifverfahrens als beste Schleifmethode für sämtliche Salzgesteine, also einschließlich Carnallit- und Tachydritgesteine, erwiesen.

Auf einer mit Schleifleinen der Körnung 60 bespannten rotierenden Gesteinsschleifscheibe wurde der aufgekittete Gesteinssplitter bis auf 2 mm dünn geschliffen (Grobschliff). Der Feinschliff erfolgte auf Schleifpapier der Körnung 150 und Körnung 400.

Dieses Verfahren führte zu qualitativ guten Schliffen und zeigte nur bestimmte Mängel bei der Verarbeitung grobkörnigen Materials (Ausbrechen) und in der Langwierigkeit des Schleifprozesses. Letztere war besonders dadurch bedingt, daß Carnallit beim Grobschliff schnell das Schleifleinen verschmierte. Außerdem erwärmten sich die Schliffe beim Schleifen auf der rotierenden Scheibe rasch, wodurch der Kanadabalsam weich wurde. Es mußte also der Schleifprozeß häufig unterbrochen werden. Durch die erforderliche grobe Körnung des Schleifleinens konnten auch leicht Risse im Gefüge entstehen.

2. Das Teilnaßschleifverfahren

Zur Behebung der genannten technischen Mängel erwies sich die Kombination eines nassen und eines trockenen Arbeitsganges als vorteilhaft.

Tab. Gegenüberstellung des Volltrocken- und des Teilnaßschleifverfahrens für Salzgesteinsdünnschliffe

	Grobschliff	Feinschliff Anfangsphase	Feinschliff Endphase
Volltrockenschleifverfahren	trocken auf rotierender Scheibe; Schleifleinen Körnung 60; bis ca. 2 mm Dicke	trocken auf Schleifpapier Körnung 150; bis ca. 0,5 mm Dicke	trocken auf Schleifpapier Körnung 400
Teilnaßschleifverfahren	naß auf rotierender Schleifscheibe; Siliziumkarbid und Methanol; bis ca. 0,5 mm Dicke	entfällt fast völlig	trocken auf Schleifpapier Körnung 400

Anstelle des vorherigen trockenen Grobschleifens auf der mit Schleifleinen bespannten rotierenden Schleifscheibe wird dieser Arbeitsprozeß jetzt analog der gewöhnlichen Gesteinsdünnschliffherstellung auf der Schleifscheibe naß durchgeführt. Als Suspensionsmittel für das Siliziumkarbidpulver (Körnung 180) dient Methanol. Es kann hierdurch bereits eine geringere Dicke des Dünnschliffsplitters (ca. 0,5 mm) erreicht werden als beim trockenen Verfahren, da die Gefahr des Ausbrechens und der Rißbildung weitgehend herabgemindert ist.

Beim trockenen Verfahren mußte, wie erwähnt, Schleifleinen der Körnung 60 verwendet werden, um überhaupt eine Schleifwirkung zu erzielen. Ferner entfällt durch die bereits geringere Dicke die erste Phase des Feinschleifens auf Schleifpapier der Körnung 150 fast völlig. Es kann gleich zur Endphase des Feinschleifens auf Schleifpapier der Körnung 400 übergegangen werden (vgl. Tab.).

Die Vorteile dieses Verfahrens liegen besonders in der Qualität der Dünnschliffe, aber auch in einer Einsparung des relativ teuren Schleifleinens und Schleifpapiers. Die Qualität der Dünnschliffe wird dadurch verbessert, daß sich der Schliff und besonders der Kanadabalsam nicht mehr so stark wie vorher erwärmen, weil die Schleifwärme zur Verdunstung des Methanols beiträgt und daher schnell abgeführt wird. Die Gefahr der Blasenbildung im Kanadabalsam ist somit gemindert. Infolge der beschleunigten Verdunstung kann auch das Methanol nicht mehr lösend auf die Salzminerale, insbesondere Carnallit, einwirken.

Ein Nachteil dieses Schleifverfahrens ist die Giftigkeit des Methanols. Es muß also, um gesundheitliche Schädigungen des Schleifers zu vermeiden, eine möglichst schwenkbare Abzugsglocke über der Schleifscheibe angebracht werden. Als Schleifflüssigkeit wurde auch Glykol probiert. Dieses ist jedoch gegenüber Methanol wesentlich weniger flüchtig, so daß lösende Einwirkung auf Carnallit vorhanden ist.

Literatur

STURMFELS, E.: Das Kalisalzlager von Buggingen (Südbaden). — Neues Jb. Mineral. etc., Abh., Abt. A, 78, 131—216 (1943).

Schnelleres Auswechseln der Meßeinrichtungen am Schnellfotometer II und III vom VEB Carl Zeiss Jena

HANS SEYFERT & HELMUT KALINNA, Halle (Saale)

Kleineren Institutionen steht häufig für Spektral- und Röntgenlabor nur ein gemeinsames Schnellfotometer zur Verfügung. Mit entsprechender Arbeitseinteilung läßt es sich erreichen, daß dieses Gerät ohne Benachteiligung des einen oder anderen Interessenten benutzt wird. Hinderlich ist hierbei allerdings die etwas langwierige Umstellung der Meßeinrichtungen zum Auswerten der Spektralplatten bzw. der Röntgenfilme. Beim Umbau des Schnellfotometers wurde bisher der Plattentisch gegen einen Drehtisch ausgetauscht bzw. umgekehrt. Das Auswechseln der Tische gegeneinander machte längere Manipulationen erforderlich, abgesehen davon, daß neu justiert werden mußte. Bei der neuen Anordnung bleibt der Drehtisch auf dem Fotometer, und nur die Haltevorrichtung (Anlegeleiste und Haltearme siehe Zeiss-Druckschrift) für die Spektralplatten wird entweder auf- oder abgeschraubt. Dazu wurden zwei Gewinde M 4 in den Röntgentisch geschnitten. Die Auflagefläche wurde allerdings um 1,6 mm durch Unterlegen von Kunststoffscheiben erhöht. Notwendig ist nur noch das Auswechseln der Objektive 3×, 5× und 10×, da die Vorschaltlinsen + 5 dptr. und — 4 dptr. als Kompromißlösung am Objektivkopf verbleiben. Man kann natürlich wie gewohnt für die Objektive 3 und 5× die Linsen + 5 und — 4 dptr. und für die Objektive 10× die Vorschaltlinsen — 2 und — 4 dptr. benutzen, aber die erwähnte Kompromißlösung hat sich gut bewährt. Außerdem können die Maßstäbe (Millimeterskala gegen Wellenlängenteilung) gewechselt werden. Verfasser halten dies aber für überflüssig, da sie die auszufotometrierenden Spektrallinien sowieso anritzen. Aus diesem Grunde wurde nur die Millimeterskala angebracht.

Abb. Schnellfotometer (III) nach dem Umbau für Spektralplatten

Mit der obenbeschriebenen Vorrichtung wurden Spektralplatten 6×18 cm ausgemessen. Die Platten 6×24 dürften im normalen Wellenlängenbereich ebenfalls gut auswertbar sein. Beim Plattenformat 9×24 müßte allerdings an beiden Längsseiten 1 cm Rand gelassen werden, was wegen der Gefahr ungleichmäßiger Entwicklung wohl von den meisten Spektralanalytikern ohnehin getan wird.

Zeitschrift für angewandte Geologie (1961) Heft 12

Grundfragen und Methoden der Strukturuntersuchungen von Erzfeldern und -lagerstätten

Autorenkollektiv unter Leitung von F. J. WOLFSON und L. J. LUKIN. Redaktion J. T. SCHATALOW

624 S., 303 Abb. und 15 Tab., Wissenschaftlich-Technischer Staatsverlag, Moskau 1960

Referiert von FRIEDRICH STAMMBERGER

1.

In der jüngsten Vergangenheit hat im Ausland die Strukturgeologie eine starke Entwicklung erfahren, ein tektonischer Zweig unserer Wissenschaft, der sich mit dem Studium der Genese, Verbreitung und Morphologie geologischer Strukturen befaßt. Im Unterschied zur Geotektonik befaßt sich die Strukturgeologie mit den elementaren Formen der Lagerung der Gesteine und deren Störungen.

Die großen Möglichkeiten dieser neuen Arbeitsrichtung für unsere praktische Arbeit sind leider bisher bei uns noch nicht genügend erkannt worden. Ihre Bedeutung für die Lagerstättenerkundung wurde erstmalig in größeren Umrissen sichtbar, als 1960 in der „Schriftenreihe des praktischen Geologen" die vorzügliche Arbeit F. J. WOLFSONS „Die Strukturen der endogenen Lagerstätten" in deutscher Übersetzung erschien. Fast gleichzeitig kam in Moskau unter der Leitung von F. J. WOLFSON und L. J. LUKIN eine umfassende neue Arbeit zur Strukturgeologie heraus, an der 24 sowjetische Wissenschaftler als Autoren beteiligt sind und deren Redaktion in den Händen des uns aus zahlreichen Arbeiten — vor allem zur geologischen Kartierung — bekannten Geologen J. T. SCHATALOW lag.

Die rezensierte Arbeit ist der Versuch, die vorliegenden Tatsachen und Erkenntnisse zusammenzufassen, die strukturgeologischen Untersuchungsmethoden darzulegen und an praktischen Beispielen zu erläutern. Dabei wurden Strukturuntersuchungen von Erzfeldern und -lagerstätten bevorzugt.

Das Autorenkollektiv hat sich bemüht, vor allem auf zwei Fragen zum Thema zu antworten:

1. Wie ist zu untersuchen, zu beobachten usw., d. h., welche Verfahren sind bei strukturellen Untersuchungen anzuwenden?

2. Welche Genauigkeit der Untersuchung ist zur Beantwortung der einen oder anderen gestellten Frage erforderlich?

Bei dieser Fragestellung wird als bekannt vorausgesetzt, welches Ziel Strukturuntersuchungen überhaupt haben: die Genese der Lagerstätte in Verbindung mit der Tektonik zu klären. Das erfordert, die engen Beziehungen der Tektonik zur Erzbildung und vor allem Erzablagerung für jeden konkreten Fall sorgfältig zu untersuchen und zu analysieren. Es besteht die Aufgabe, auch von der strukturgeologischen Seite her auf die uralte Frage zu antworten, warum Erzkörper gerade dort in der Erdrinde lagern, wo wir sie vorfinden. Daraus ergibt sich die oft genannte Forderung, strukturgeologische Untersuchung in engster Verbindung mit den übrigen Methoden der Lagerstättenuntersuchung — mineralogischen, geochemischen, faziellen usw. — durchzuführen, wenn ernsthafte Lücken vermieden und durch einseitige Untersuchungen nicht vielleicht sogar Fehlschlüsse verursacht werden sollen.

Bei der geologischen Erkundung von Lagerstätten — von den Sucharbeiten bis zu der betrieblichen Erkundung in Randfeldern — ist eine rationelle und methodische Arbeit nur möglich, wenn über das Ausmaß einer festgestellten oder vermuteten Vererzung, über die Form des Erzträgers und dessen Lagerungsverhältnisse mindestens eine begründete Arbeitshypothese vorliegt. Erste Vorstellungen hierüber — noch vor dem Ansatz der ersten Bohrung — können nur auf dem Wege einer allgemeinen, strukturgeologischen Analyse erhalten werden, für welche die geologische Karte, die Lagerungselemente in einzelnen Ausbissen, vorliegende, großräumige Strukturerkenntnisse u. ä. herangezogen werden.

Die Suche und Erkundung einer neuen Lagerstätte wäre mit größerem Nutzeffekt durchführbar, wenn über bekannte analoge Lagerstätten eindeutig festgestellt würde, warum diese Lagerstätte und ihre Erzkörper sich dort, wo sie liegen — und nicht an einer anderen Stelle —, gebildet haben, warum sie die angetroffene Form — und nicht eine andere — besitzen und warum ihre Lagerungsverhältnisse so und nicht anders sind.

Daraus folgt, daß nur die Beschreibung der Morphologie eines Erzkörpers nichts mehr als sein äußeres Erscheinungsbild wiedergibt und deshalb wissenschaftlich unbefriedigend ist. Es muß die Kausalität dieser Erscheinung erkannt werden und dort — wo die vorliegenden Tatsachen hierzu noch nicht ausreichen — eine befriedigende, d. h. alle geologisch-mineralogischen Tatsachen berücksichtigende Arbeitshypothese geschaffen werden. Dazu sind strukturgeologische Untersuchungen eine unerläßliche Voraussetzung.

Solche Untersuchungen sind dabei nicht nur von großer praktischer Bedeutung. Ihre Ergebnisse tragen auch entscheidend zur Erweiterung unserer theoretischen Kenntnisse bei. Denn in der Regel ist die Lagerstättenbildung ein komplizierter und meist langwährender Prozeß, bei dem tektonische Bewegungen nicht einfach auftreten, sondern mit Unterbrechungen und Wiederholungen. Die Analyse solcher Erscheinungen, die folgerichtige Gliederung dieser Bewegungen und der mit ihnen verbundenen Prozesse, die Fixierung der einzelnen Etappen im Entwicklungsprozeß der Strukturen, die Klärung der „Stereogenese" (A. N. SAWARIZKIJ) der Lagerstätte ist für praktische Schlußfolgerungen wichtig und von größtem wissenschaftlichem Interesse.

2.

Die rezensierte Arbeit wird von ihren Autoren in zwei Teile gruppiert:

1. Methoden der Strukturuntersuchungen von Erzfeldern und -lagerstätten;

2. Beispiele von Strukturuntersuchungen einzelner Erzfelder und -lagerstätten.

Jeder Teil beantwortet somit eine der obengestellten Fragen. Zum ersten Teil liegen seit längerer Zeit einige sowjetische und amerikanische Arbeiten vor. Die Aufgabe der Autoren bestand somit vor allem darin, eine modernere und möglichst umfassende Darstellung der Methodik zu geben.

Nach der Beschreibung der Strukturelemente und gewisser Gesetzmäßigkeiten (insbesondere der Kluftbildung und ihrer Zusammenhänge mit der Faltung) und ihrem Studium wird sehr eingehend die strukturgeologische Kartierung behandelt, steht sie doch sowohl am Anfang — als Voraussetzung — als auch am Ende — als Arbeitsergebnis oder dessen Darstellung — der meisten Lagerstättenuntersuchungen. Diese Darlegungen haben in mehreren Kapiteln eher den Vorzug der Vollständigkeit als der Neuheit, wobei die anschaulich und instruktiv dargelegte Berücksichtigung geophysikalischer Messungen besonders anzuerkennen ist. Wertvoll ist ferner für uns — im Zusammenhang mit der Kartierung von Erzfeldern und Lagerstätten in Effusiven — die Gruppierung dieser Objekte (1. flachlagernde, 2. intensiv dislozierte und 3. mächtige Decken und Paläovulkane) und deren differenzierte Behandlung. Für die in der DDR vorgesehenen Untersuchungen über den Rotliegend-Vulkanismus finden sich zahlreiche nützliche Anregungen.

Selbstverständlich nimmt das Studium und die Kartierung disjunktiver Störungen in diesem Teil der Arbeit einen breiten Platz ein. Interessant sind hierbei die Beispiele der Auswertung geophysikalischer Messungen und vorzügliche Luftaufnahmen, aus denen sich die Tektonik gut ablesen läßt. Die äußerst wichtigen Beziehungen zwischen Bruchtektonik und Kleinintrusionen werden ausführlich behandelt.

Für den Abbau und damit auch für den Geologen ist die Bestimmung der Richtung wichtig, in der sich an Störungen die Erzkörper verschoben haben, d. h., wo ihre Fortsetzung zu suchen ist. Diese Frage ist von den Autoren mit außergewöhnlicher und dankenswerter Vollständigkeit auf 70 Seiten behandelt worden. Sie dürfte kaum von Spezialarbeiten zu diesem Thema übertroffen werden.

Strukturgeologische Untersuchungen müssen letztlich der Erkundung neue Hinweise und Kriterien geben. Die Abhängigkeit der Form der Erzkörper von den Strukturen der Lagerstätten ist daher besonders eingehend zu untersuchen, zugleich deren Einfluß auf die Mineralisation. Solche Untersuchungen führen den Bearbeiter unmittelbar an die Bestimmung des Alters der Vererzung, an die Klärung der Genese der Lagerstätte heran. In sehr vielen Fällen wird dabei offenbar, daß Kleinintrusionen, Gesteinsgänge usw. eine höchst bedeutungsvolle Rolle spielen und der Vererzung sehr scharf definierbare Verteilungsgesetze und Lokalisierungen zukommen. In diesem Zusammenhang muß auch auf den — bei uns leider noch zu wenig beachteten — Einfluß der Metamorphose hingewiesen werden, die in Erzlagerstätten eine beträchtliche Rolle spielt und zu einer Umlagerung des Erzes führen kann. Die Schwierigkeit besteht allerdings darin, daß gewisse Erscheinungen der Metamorphose (z. B. Umkristallisation) andere Eigenschaften (z. B. Klüftung) überprägen und vertuschen können, wodurch die Einsicht in den tatsächlichen Ablauf erschwert wird.

Wie wichtig strukturgeologische Untersuchungen für die umfassende Erkenntnis der Lagerstätte sind, beweisen unsere Untersuchungsarbeiten auf Skarn- und Greisenlagerstätten im Mittelgebirge der DDR. Die Abschnitte des rezensierten Buches, die sich mit diesen Fragen beschäftigen, sind daher für uns ganz besonders wertvoll.

Erfreulich ist ferner die zusammenfassende — das Wesentliche für den Geologen enthaltende — Darlegung über Mikrostrukturanalysen bei strukturgeologischen Arbeiten, ebenso wie die Auswertung der Geophysik hierzu. Unsere Kartierungsgeologen können in diesem Kapitel viele nützliche Hinweise, die zu einer exakteren geologischen Interpretation geophysikalischer Unterlagen führen, zugleich jedoch auch die berechtigte Forderung für eine organische Verbindung geologischer und geophysikalischer Feldarbeiten finden. Der Geologe muß völlige Klarheit darüber besitzen, welche geophysikalischen Arbeiten der geologischen Kartierung vorausgehen und welche gleichzeitig mit ihr durchgeführt werden müssen, wenn er über seine Arbeit termingerecht berichten will, ohne einzelne Probleme offenzulassen.

Zusammenfassend kann festgestellt werden, daß der erste Teil des vorliegenden Buches das enthält, was er in seiner Überschrift verspricht: eine systematische Darlegung der für eine strukturgeologische Analyse notwendigen Arbeit, der verfügbaren Methoden und ihre — den konkreten Verhältnissen entsprechende — sinnvolle Kombination.

Die im zweiten Teil aufgenommenen 15 Beispiele haben den Vorzug, daß sie in ihrer Gesamtheit eine sehr weite Skala möglicher Struktur- und Vererzungstypen umfassen. Jedes einzelne von ihnen führt in die allgemeine Geologie der betr. Lagerstätte oder des Erzfeldes ein, hebt sodann die Besonderheiten hervor und zeigt die methodischen Kunstgriffe, mit deren Hilfe z. T. recht komplizierte Verhältnisse nicht nur geklärt, sondern auch anschaulich dargestellt werden können.

Erfreulich ist an diesen Beispielen außerdem, daß sie sowohl interessante Einzelheiten aus einzelnen Lagerstätten (z. B. über die Dawendinsker Molybdänlagerstätte im Osttransbaikal) als auch größerer geologischer Einheiten (z. B. der Tungusischen Syneklise) vermitteln. Unter diesen Beispielen finden sich Lagerstätten, die seit Jahrzehnten als „bekannt" und „erforscht" galten, und solche, die erst vor wenigen Jahren entdeckt wurden. In ihrer Fülle beweisen sie, daß die Erkundung einer Lagerstätte nur dann als abgeschlossen gelten kann, wenn neben allen anderen Fragen auch ihre strukturgeologischen Verhältnisse eindeutig geklärt sind.

3.

Die geologische Wissenschaft hat in der Sowjetunion zusammen mit allen anderen Zweigen des Wissens und der Kultur in den letzten Jahrzehnten eine erstaunliche Blüte, hohes theoretisches Niveau, Vielseitigkeit in der Thematik und Breite der Mitarbeit erreicht. Das wird auch durch die rezensierte Monographie über die Strukturen der Erzfelder und -lagerstätten überzeugend bewiesen. Es gibt in der internationalen geologischen Literatur kein Werk, das Anspruch darauf erheben könnte, dem rezensierten etwa ebenbürtig zu sein. Hier wirkt sich in der Einzelleistung etwas aus, wozu vor Jahren der Grundstein durch eine beispiellose Breitenarbeit gelegt wurde.

Auf diesem Gebiet — wie auf manchem anderen — werden wir, und nicht nur wir, noch lange Zeit wissenschaftliche Nutznießer der Forschungsergebnisse unserer sowjetischen Kollegen sein. Ihr Vorsprung ist gegenwärtig schon beachtlich. Er ist nur einzuholen, wenn wir auf den Forschungsergebnissen unserer sowjetischen Kollegen aufbauen, uns Methodik und Arbeitsstil aneignen und in der Praxis anwenden.

Lesesteine

Geologie auf NATO-Abwegen

Ist es schon Wahnsinn, hat es doch Methode. Seitdem der Hamburger NATO-Ideologe Professor Dr. PASQUAL JORDAN, der durch die Politik der Bonner Machthaber vom Schlage der Adenauer, Strauß und ihrer NATO-Hintermänner atomgefährdeten Menschheit ein jahrelanges Höhlendasein unter einer atomverwüsteten Erdoberfläche angepriesen hat, läßt dieses „Problem" die am Krieg interessierten Geister nicht mehr los. Jeder vernünftigen Einsicht zum Hohn werden die Fäden dieser Gedankenverwirrung weitergesponnen, um den Mitmenschen den Atomkrieg und seine Folgen schmackhaft zu machen. Wenn es sich dabei nur um „Comic stripes" handelte, wären der Sinn und das Ziel dieser Tendenz schon schrecklich genug. Aber hier handelt es sich um ein mit vollem Ernst vorgetragenes antihumanistisches Schurkenstück, verwerflich bis in die letzten Konsequenzen, aber leider sehr ernst zu nehmen.

Über die „Deutsche Zeitung und Wirtschaftszeitung" vom 19. 8. 1961 kommt zu uns die empörende Nachricht, daß eine Gruppe von „Wissenschaftlern", in ihr leider auch Geologen, bereits Experimente der Art durchführen, um die Lebensbedingungen 700 Meter unter der Erdoberfläche zu studieren.

Es handelt sich um zehn italienische Forscher, von denen einer, Dr. GIANCARLO MASINI, wegen eines Beinbruches das auf vier Wochen angesetzte Programm frühzeitig abbrechen mußte. Ihr Troglodytendasein hat nicht den Zweck, Höhlenforschung im Sinne der humanistischen Wissenschaft zum Nutzen der Menschheit zu treiben, sondern einzig und allein, um auszuprobieren, ob, wie lange und unter welchen Umständen ein Daueraufenthalt von Menschen 700 m unter der Erde möglich ist — unter dem Gesichtspunkt einer atomverseuchten Oberfläche, versteht sich. Die personelle Zusammensetzung entspricht dem Vorhaben: Geologen, Atomphysiker, Radarfachleute, Elektronikspezialisten, ein Psychologe und ein Arzt. Die Führung hat der Zoologe Prof. Dr. MASCERO.

Pflanzen haben sie mit sich in die Tiefe genommen und Hühner, zwei Kälber, vier Schafe und fünfzehn Hähne, die dort unter dem flackernden Licht einer Wachskerze ganz vortrefflich gedeihen sollen. Solche Befunde teilen sie durch ein Ultrakurzwellengerät der staunenden Oberwelt mit. Die Hühner legten sogar größere Eier als an der Erdoberfläche. Was hindert die Menschheit eigentlich daran, hinabzusteigen und beim Kerzenschein die dicken Hühnereier zu essen, die vortrefflich reine Luft zu atmen, die nur durch monotones Tropfen unterbrochene, überwältigende Stille auf ihre aufgepeitschten Nerven wirken zu lassen?

Eben der kleine und doch so entscheidende Umstand, den NATO-Kapazitäten nicht in Rechnung zu stellen wagen: daß die Menschen vor allem Mensch sind, Verstand haben und ihn auch zu gebrauchen verstehen. Und dieser Menschenverstand hat mit den Sowjetbürgern GAGARIN und TITOW den beglückenden Weg in die Unendlichkeit des Alls angetreten. Welch ein eklatanter Gegensatz! Dort ein ängstliches Verkriechen in nervenzerfressendem Alleinsein, hier das befreiende Hinauswachsen menschlicher Kraft und menschlichen Geistes über jahrtausendealte Schranken, begleitet von Bewunderung und den herzlichen Wünschen der Menschen aller Erdteile; dort eine fehlgeleitete Geologie buchstäblich am äußersten Rand des Abgrundes, hier gewissenhafte Vorbereitung, um in absehbarer Zeit Gesteinsproben vom Mond, vom Mars und der Venus zur Erde zu bringen und die Kenntnis von der Breite der Materiekomposition unseres Sonnensystems zu erweitern.

Bedarf es weiterer Beweise, daß NATO-Ideologie nicht allein Atomkrieg und Atomtod ist, sondern auch das Ende des Menschseins, das Aufgeben der Vernunft bedeutet, demonstriert an der JORDAN-italienischen Höhlenpfuscherei?

K. KAUTER

Besprechungen und Referate

MANHEIM, F. T.

A Geochemical Profile in the Baltic Sea

Geochimica et Cosmochimica Acta, Vol. 25 (1961), S. 52 bis 70

In der außerordentlich interessanten und aufschlußreichen Arbeit werden die Ergebnisse von geochemischen bzw. physiko-chemischen Untersuchungen an Wasser- und Meeressedimentproben von zwei, etwa E—W gerichteten Profilen durch die Ostsee (nördlich und südlich der Insel Gotland) sowie von anderen, dem schwedischen Festland vorgelagerten Probenahmeorten vorgelegt. Bestimmt wurde jeweils der Eh-Wert, der pH-Wert, der Chemismus (Salinität) des Wassers und die gleichen Eigenschaften der Meeressedimente, wobei hier zusätzlich auf die Untersuchung der Verteilung bzw. Anreicherung der Elemente Kupfer, Zink, Molybdän, Uran und Silber Wert gelegt wurde.

Als ein herausragendes Kennzeichen der Konzentrationsverhältnisse in der Ostsee wird ihre „salinity stratification" bezeichnet, d. h. die schichtförmig angeordneten Isokonzentrationsbereiche, erkennbar durch etwa horizontal verlaufende Isokonzentrationslinien (im Schnitt) bzw. Isokonzentrationsflächen (im Raum).

Anhand eines Beispieles (Probenahmeort 57° 21′ N, 19° 57′ E) wird das Verhalten des pH- und Eh-Wertes sowie des Schwefel- und Sauerstoffgehaltes im Wasser in Abhängigkeit von der Teufe demonstriert. Der p_H-Wert des Wassers an der Wasseroberfläche beträgt an diesem Ort 8,2 und geht bis 60 m Tiefe nur geringfügig auf 7,8 zurück. Bei einer Wasserteufe zwischen 70 bis 90 m sinkt er relativ plötzlich bis auf 7,0 ab und verändert sich sodann bis zu 200 m Teufe kaum. Ganz entsprechend verhält sich der Eh-Wert. Dieser liegt an der Meeresoberfläche bei +400 mV, geht bei 90 m auf etwa +250 mV zurück, bleibt bis 200 m Teufe konstant, um erst in der darunterliegenden, H_2S-führenden stagnierenden Zone auf Minuswerte abzusinken. Auch bei Sauerstoff und Schwefel ändern sich bei 80 bis 90 m Meerestiefe sprungartig die Gehalte. Die Sauerstoffkonzentration im Wasser geht von 6—8 ml O_2/l in dieser Teufe auf Spuren von O_2 zurück, der S-Gehalt erhöht sich von 7‰ auf 11, um dann in größerer Teufe allmählich bis auf 13 zu steigen.

Über den Grad der Salinität des Wassers in Abhängigkeit von der Meeresteufe, über die Redoxverhältnisse und über die Veränderung des pH-Wertes sowohl im Wasser unmittelbar über dem Meeresboden als auch im Meeressediment selbst orientiert nachfolgende Abbildung (Profil südlich der Insel Gotland). Wie die Abbildung u. a. zeigt, verhalten sich die pH-Werte im Sediment und in der Bodenzone des Meerwassers in den beiden Hauptbecken unterschiedlich. Als eine mögliche Ursache hierfür kann nach dem Autor die verschiedenartige chemische Zusammensetzung des jeweils zur Ablagerung gekommenen Detritus angesehen werden.

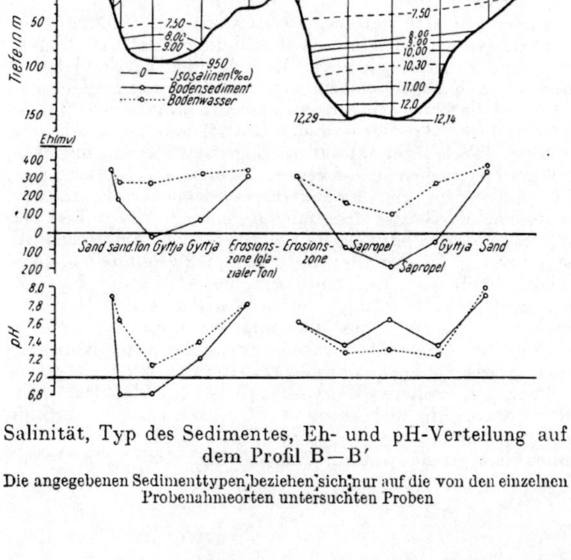

Salinität, Typ des Sedimentes, Eh- und pH-Verteilung auf dem Profil B—B′

Die angegebenen Sedimenttypen beziehen sich nur auf die von den einzelnen Probenahmeorten untersuchten Proben

In der Arbeit wird als ein wichtiges Ergebnis herausgestellt, daß zwischen grobkörnigen, gut durchlüfteten, d. h. sauerstoffführenden Sedimenten und feinkörnigen, in stagnierenden, sauerstofffreien Bereichen abgesetzten Sedimenten nur eine ungewöhnlich schmale Übergangszone vorhanden ist.

Für das Verhalten der Spurenelemente Kupfer, Zink, Molybdän, Uran und Silber ist kennzeichnend, daß sie sich (wahrscheinlich bis auf Molybdän) nicht im Zentrum stagnierender Seebecken, sondern mehr an der Peripherie derselben anreichern.

Neben dem Studium des Verhaltens der genannten Spurenelemente war interessant, festzustellen, daß sich an einigen Orten im Meeressediment relativ hohe Mangangehalte (bis 5,2% MnO) vorfanden. Durch röntgenographische Untersuchungen wurde ermittelt, daß dieses Mangan in Karbonatform vorliegt. Eine Probe ergab einen Chemismus von $(Mn_{72}Ca_{16}Mg_{12})CO_3$.

Die vorgelegten Untersuchungen an rezentem Probematerial haben nach Ansicht des Referenten große Bedeutung für das Studium entsprechender fazieller Eigenheiten geologisch älterer Sedimente, da sie einen Anhalt über die speziellen physiko-chemischen Verhältnisse bei der Sedimentbildung im marinen Bereich und über die Anreicherung bestimmter, lagerstättenkundlich evtl. wichtiger Elemente geben.

TISCHENDORF

LAHEE, F. H.

Field Geology

6. Aufl., Verlag McGraw-Hill Book Company, London 1961. — 926 S., 641 Abb.

Die sechste Auflage der „Field Geology" von F. H. LAHEE liegt vor. Die Entwicklungsgeschichte dieses Buches spiegelt den Werdegang seines Verfassers wider. Von der ersten Ausgabe 1916 bis zur heutigen durchlief der Autor die Stellungen des Institutsassistenten, Ölgeologen, Chefgeologen und geologischen Konsultanten, um mit einer geologischen Professur am Massachusetts Institute of Technology zu enden. Dieser persönliche Werdegang fand in überzeugender Weise seinen Niederschlag in dem zur Besprechung stehenden Werk. Es ist sowohl hinsichtlich der Fülle des bearbeiteten Materials wie auch bezüglich der Gründlichkeit und Präzision der behandelten Fragen vorbildlich. Dieses Handbuch ist unentbehrlich für den Mann der Praxis und der Theorie, für den Lehrenden und für die Lernenden.

Neben der Behandlung der üblichen Fakten der Feldarbeiten, der Beobachtungen am Objekt, ihrer Auswertung und ihrer verschiedenartigen zeichnerischen Darstellung verdienen insbesondere die modernen geophysikalischen Methoden Beachtung, die der Verf. ausführlich behandelt.

Auf dieser Grundlage entstand im vorliegenden Buch ein Werk, dessen Kenntnis das Grundwissen der jungen Geologen ungemein bereichert und sie befähigt, als moderne Geologen zu wirken und zu arbeiten. Man möchte diesem Buch gerade wegen seiner engen Verbindung der behandelten theoretischen Probleme mit der Praxis eine möglichst weite Verbreitung wünschen.

KAUTER

MAUBEUGE, P.

Erdölprobleme im östlichen Pariser Becken

„Erdöl und Kohle — Petrochemie", Jg. 14 (1961), S. 441 bis 445

In einem einleitenden kurzen Überblick über die Entwicklung der Erdölprospektion in Frankreich stellt Verf. fest, daß das Pariser Becken seit der ergebnislosen Untersuchung der strukturell so bedeutsamen Antiklinale von Pays de Bray (Bohrjahr 1923—1927) lange abseits stand. Viele skeptische Stimmen sprachen sich gegen eine systematische Untersuchung dieses großen Sedimentationsbeckens im nördlichen Teil Frankreichs aus.

Die später auf Grund des Berichts einer französischen Expertenkommission angestellten Aufschlußarbeiten waren zunächst in einigen paläozoischen Schichten, deren Speicher jedoch im allgemeinen ungünstig sind, erfolgreich. Das Autunien (Rotliegendes) gibt zwar manche Probleme auf, gilt jedoch im Bereich des saarlothringischen Beckens als potentielles Erdölmuttergestein, z. B. für die Erdölfunde von

Walschbronn bei Bitsch. Nach Beschreibung des Paläozoikums, der Trias und jüngerer Schichten widmet sich Verf. speziell dem Pariser Becken. Seit den wirtschaftlichen Erdölfunden, insbesondere von Coulonimes, gilt die besondere Aufmerksamkeit dessen mittlerem Teil, nicht aber der Randzone in Lothringen mit ihren guten Speichergesteinen. Verf. spricht ihr weitaus bessere Fündigkeitsaussichten zu.

Er kommt aus zahlreichen Beispielen zu der Meinung, daß gerade das geologisch komplizierteste Gebiet des Pariser Beckens noch am wenigsten durch Geophysik und Bohrungen von genügender Teufe erforscht ist. Nach seiner Ansicht stützen alle aufgezeigten Erkenntnisse seine eigenen Theorien über die Bedeutung des östlichen Frankreichs für intensive Erdöluntersuchungsarbeiten. DRESSEL

ATWATER, G. J. & L. J. FORMAN

Nature of Growth of Southern Louisiana Salt Domes and its Effect on Petroleum Accumulation

Bull. A. A. P. G., Vol. 43 (1959), Nr. 11, S. 2592–2622

Die tiefen Erdölbohrungen in den letzten Jahren brachten viele neue Erkenntnisse über den Bau der Salzstöcke an der Golfküste. Bemerkenswert ist die Feststellung, daß die Salzstöcke nicht nur aus Salz, sondern auch aus einem dicken Mantel aus deformierten, brekziösen Schiefertonen bestehen, die der Autor „diapiric shales" (diapirische Schiefertone) nennt. Sie entstammen mariner Tiefseefazies und befinden sich heute in stark angehobener Lage, teilweise sind sie noch höher aufgestiegen als das Salz. Die Aufstiegsbewegung war keineswegs gleichartig; Differentialbewegungen zwischen den Flankenteilen der Salzstöcke fanden statt, was großen Einfluß auf die Ansammlungen von Öl hatte. Es zeigte sich auch, daß die Salzstöcke nur kleine „Durchbruchsschlote" sind im Vergleich zu den riesigen Salzkissen, denen sie aufsitzen. Für sie schlägt der Autor den Terminus „salt massif" vor. Im Außenbereich von Louisiana ist ein solches „Salzmassiv" von 200 Quadratmeilen Ausdehnung vorhanden. Es wurde in 20000 ft. Tiefe kartiert. Wenn sich dieses Massiv bis auf die geologisch wahrscheinliche Tiefe von 50000 ft. fortsetzt, dann enthält es 1400 Kubikmeilen Salz. Für diese enormen Ansammlungen muß man weite horizontale Wanderwege annehmen.

Wichtig für die Erdölerkundung sind die zwischen den Salzstöcken liegenden Strukturen an den „Salzmassiven". Auf einem solchen steht die tiefste Produktionssonde der Erde, welche aus 20745 ft. fördert. MEINHOLD

HITCHON, B., G. F. ROUND, M. E. CHARLES & G. W. HODGSON

Effect of Regional Variations of Crude Oil and Reservoir Characteristics on in situ Combustion and Miscible Phase Recovery of Oil in Western Canada

Bull. Am. Assoc. of Petrol. Geol., Vol. 45 (1961), S. 281 bis 314

Durch primäre Fördermethoden und Wasserfluten sind von den entdeckten geologischen Vorräten in Westkanada nur 22,8% gewinnbar. Da ein Mehrfaches der bisher entdeckten Vorräte in den nächsten 100 Jahren noch zu finden ist, wird es sich um schätzungsweise 25 Mrd. t handeln, die durch verbesserte Sekundärverfahren gewinnbar gemacht werden müssen. Um diese Aufgabe vorzubereiten, untersuchten die Autoren, nach einer kurzen Zusammenfassung der in Frage kommenden Sekundärverfahren, die Eigenschaften sämtlicher bekannten Öle und stellten für 15 geologische Stufen die Dichteverteilung in Karten dar, untersuchten die lithologischen und faziellen Änderungen, Tiefenlage und Verbreitung der Formationen. Daraus ziehen sie Folgerungen für die Anwendbarkeit der Methoden, scheiden Provinzen aus, die für die eine oder andere Methode günstig sind, und finden, daß thermische Methoden in den meisten Formationen und Gebieten die günstigsten Ergebnisse versprechen. MEINHOLD

DAETWYLER, O. C. & A. L. KIDWELL

The Gulf of Batabano, a modern Carbonate Basin

V. Welterdölkongreß, New York 1959, Section I — Paper 1

Im Golf von Batabano an der Südwestküste Kubas bilden sich rezente karbonatische Sedimente, unter denen die Autoren 8 verschiedene Typen unterscheiden. Diese lassen sich nach ihrer Textur in Sande aus Karbonatkörnern und in karbonatische Schlämme einordnen.

Am Südrand des Golfes werden karbonatische Sande, die aus zerbrochenen Skelettstücken und Kalksteindetritus bestehen, abgesetzt. Im südöstlichen Teil des Golfes finden sich Sande aus karbonatischen ooiden Körnern, im Zentralteil des Golfes ausgedehnte Bänke von schlammiger kalkiger Matrix mit eingelagerten Körnern aus Skeletteilchen. Alle karbonatischen Sedimente sind in einem flachen Schelfmeer abgesetzt, dessen Tiefe mitunter nicht einmal 25 Fuß erreicht und 45 Fuß nie übersteigt. Die Verteilung der einzelnen Sedimenttypen ist mehr von den Wasserströmungen im Golf als von der jeweiligen Wassertiefe abhängig. Die Arbeit der Verfasser gibt somit grundlegende Beobachtungen wieder, die für das Verständnis der Bildungsbedingungen und Faziesausbildung karbonatischer Sedimente wertvoll sind. 14 Fazies- und Körnungskarten vervollständigen die interessanten Forschungsergebnisse. E.

DE LAPPARENT, C. & P. ALBERT

Hassi Messaoud, Saharian oil gigant

„World Petroleum", Jg. 31 (1960), Nr. 6, S. 43ff.

Hassi Messaoud liegt 650 km südöstlich von Algier und wurde durch Refraktionsseismik gefunden. Die Struktur ist ein sehr großer, aber flachgewölbter Dom mit nur $^1/_2$° Flankenneigung. Das produktive Gebiet hat 1500 km² Ausdehnung. Der Speicher, 3300 m tief liegend, ist ein verkieselter Sandstein des Kambrium, die Schichten sind an ihrer Oberfläche erodiert und von den Flüssen angeschnitten, sie wurden dann durch tonige Sedimente der Trias bedeckt, darüber liegen mächtige salzführende Schichten. Durch die Erosion ist der Speicher uneinheitlich, seine Mächtigkeit wechselt zwischen 400 m (Strukturscheitel) und 561 m. Er ist mittel- bis grobkörnig, kreuzgeschichtet, hat kieseligen und tonigen Zement und gliedert sich in vier Zonen. Die oberste Zone ist sehr dicht; die zweite, R_1 genannt, ist 110 m mächtig und bildet den Hauptspeicher, Porosität 8–10%, Permeabilität zwischen 1 und 1500 md, Bindemittel kieselig. Die folgenden Zonen sind tonig und weniger gut. Granit bildet das Grundgebirge, aber auch infrakambrische rote Sandsteine kommen vor. Die Randwasserlinie liegt bei 3380 m. Der Initialdruck betrug 483 at; die Vorräte betragen 2,5 Mrd. t Öl mit einem Gas-Öl-Verhältnis von 250; Dichte unter Lagerstättenbedingungen 0,65, unter Tagesbedingungen 0,806; Viskosität bei 20°C 2,7 cSt. MEINHOLD

W. HAARLÄNDER & W. A. SCHNITZER

Geologie und Lithologie des uranführenden Burgsandsteins von Erlangen und Umgebung

W. KLEIN

Analyse radioaktiver Arkosen um Erlangen mit Hilfe der Gamma-Spektroskopie

Erlanger Geol. Abh., H. 37, 1961

Im Mittleren und Oberen Burgsandstein im Gebiet von Erlangen treten in mehreren Horizonten radioaktive Sandsteine auf, und zwar etwa 20 m und 5 m über und 5 m unter den Oberen Letten sowie an der Grenze zum Unteren Burgsandstein. Die Anreicherungen liegen teils in Nestern und Linsen, teils in Platten und Bänken vor, sind wegen der Härte des radioaktiven Gesteins reliefbildend in der Landschaft und deuten auf syngenetische Entstehung. Die Urangehalte liegen zwischen 340 und 520 g Uran/t. Keines der Vorkommen ist wirtschaftlich verwendbar. Aus der sorgfältigen chemischen Analyse der uranführenden Arkosen durch die Verf. geht hervor, daß zwischen der Strahlungsintensität und der chemischen Zusammensetzung deutliche Beziehungen bestehen, die sich schon durch die Gesteinsfärbungen bekunden. Vor allem ergab sich eine Abhängigkeit zwischen der Radioaktivität und dem HCl-löslichen Anteil der Gesteine. Die Verhältnisse im Burgsandstein Frankens sind im Prinzip ähnlich denen im Buntsandstein. Die Spektren der untersuchten Proben setzen sich überwiegend aus stabilen Akzessorien zusammen, so aus Zirkon, Rutil, Granat, Turmalin und Monazit. Als Erzlieferanten kommen in erster Linie saure Magmatite in Betracht. Verf. kommen zu dem Ergebnis, daß das Uran mit den Sedimenten in gelöster Form vom vindelizischen Land her durch periodisch fließende Flüsse in den Ablagerungsraum gebracht und inmitten breiter, geröllführender Flußrinnen abgesetzt wurde.

Die gammaspektroskopische Untersuchung einer Probe durch W. KLEIN ergab einen fast ausschließlich aus der U^{238}_{92}-Reihe stammenden radioaktiven Gehalt. HAVEMANN

KABLUKOW, A. D. & G. I. WERTEPOW

Dispersionshöfe von Spurenelementen um Uranerzkörper

„Geologie der Erzlagerstätten", Jg. 2 (1960), H. 2, S. 20–31

Die Untersuchung der Dispersionshöfe um hydrothermale Uranerzkörper brachte folgende Ergebnisse:

1. Um hydrothermale Uranerzkörper bildeten sich im Nebengestein deutliche Dispersionshöfe von gelöstem Uran, Blei und Molybdän.

2. Dispersionshöfe von Spurenelementen, besonders aber von Blei, treten, bedingt durch die Beschaffenheit des Nebengesteins, vor allem im Hangenden der Uranerzkörper auf. Dieses Kriterium läßt sich bei der Prospektion auf Uranerzkörper, die sich in einer Teufe von nur wenigen 100 Metern befinden, verwenden.

3. Im allgemeinen Aufbau der Dispersionshöfe wurde eine deutliche vertikale Zonalität festgestellt, d. h., in den einzelnen Teilen des Dispersionshofes erfolgt eine gesetzmäßige Veränderung im gegenseitigen Verhältnis und in den Gehalten der Spurenelemente. Beim Aufsuchen der Uranerzkörper ist das höchste Verhältnis von Pb und Mo zu gelöstem U und von Pb zu Mo eine sehr charakteristische Größe. Im Liegenden des Erzkörpers verringert sich dieses Verhältnis auf etwa $^1/_{10}$. Die unterschiedlichen Verhältnisse der genannten Elemente im Dispersionshof und im Erzkörper lassen sich als ein zusätzliches Kriterium für die Bewertung der Erosionstiefe verwenden.

Es muß aber betont werden, daß derartige Untersuchungen im Nebengestein nur bei eingehender Prospektion, bei guten geologischen Kenntnissen über das Untersuchungsgebiet sowie beim Vorhandensein anderer Erkundungsmerkmale und in vernünftiger Übereinstimmung mit anderen Methoden zweckmäßig ist. H. SCHULZ

Die Ge-Mineralien und ihre Lagerstätten

Geologie der Lagerstätten seltener Elemente, Folge 5, Moskau 1959

In einer unter der Leitung von A. I. GINSBURG herausgegebenen Broschüre werden die wichtigsten geologischen Tatsachen über Germanium behandelt. Nach einer Beschreibung der Ge-Mineralien folgt ein Abschnitt über die gegenwärtig wichtigsten Ge-Lagerstätten Tsumeb und Prince Leopold (Kongo), die Ge-haltigen Kieslagerstätten und die Ge-haltigen Lagerstätten der bolivianischen Zinnerzprovinz. Die geochemische Rolle des Germaniums in Eisenerzen und die Geochemie des Germaniums werden in zwei weiteren Abschnitten behandelt.

Auf Grund seines geochemischen Verhaltens kann man folgende Merkmale für die Erkundung von Ge-haltigen Erzen feststellen:

1. Eine starke Anreicherung von Ge-Mineralien ist nur unter hydrothermalen Bedingungen und in sulfidischen Lagerstätten, die sich bei mittleren Temperaturen und mittleren oder niedrigen Drücken bildeten, zu erwarten.

2. Ge zeigt im sulfidischen Prozeß unter reduzierenden Bedingungen siderophile Eigenschaften und ersetzt in vielen Mineralien zweiwertiges Eisen und Zink. Bei einem hohen Sauerstoff-Potential hat Ge chalkophile Eigenschaften. Es wird dann in enger Verwachsung mit Arsen gefunden, das von Ge leicht verdrängt werden kann. Im Zusammenhang damit sind die am meisten mit Ge angereicherten Mineralien: Zinkblende, Kupferkies, endogener Buntkupferkies, Enargit, Tennantit und einige Sulfoarsenate.

3. Die günstigsten Bedingungen zur Bildung von Ge-Lagerstätten sind dann vorhanden, wenn die Erzkörper in Kalksteinen liegen, da diese kein Ge aufnehmen können.

4. Hohe Ge-Konzentrationen können sich nur in Fe-armen, sulfidischen Lagerstätten bilden. Als Kennzeichen der Ge-Konzentration kann das Verhältnis $Ge^{2+}:Fe^{2+}$ dienen.

5. Germanit und Renerit bilden sich nur unter reduzierenden Bedingungen bei einem bestimmten O- und S-Regime und p_H-Wert (p_H-Wert < 7). Deshalb sind typische Begleiter dieser Mineralien: Buntkupferkies, endogener Kupferglanz, Tennantit, Kupferkies, Enargit, Stromeyerit, Zinkblende, Bleiglanz, Zinnkies u. a.

6. Die Anwesenheit von Karbonaten in den Erzen stellt einen ungünstigen Faktor dar, da die Ausfällung von Ge aus der Lösung nur unter schwach sauren oder neutralen Bedingungen erfolgt.

7. Die günstigsten Typen hydrothermaler Lagerstätten, in denen Ge-Konzentrationen zu erwarten sind, bilden die Kupferlagerstätten, die Fe-arm sind und in Kalken liegen. Sie sind oft durch ein gemeinsames Auftreten mit Zn, Pb, Ag, Sn, As, Sb und Co charakterisiert.

8. Ge-Mineralien treten auch in Kupferkieslagerstätten auf. Aber hier erfolgt ihre Bildung in den spätesten Stadien der Lagerstättenbildung.

9. Germanit und Renerit fand man auch in einigen Cu-Mo-Lagerstätten.

10. In Pb-Zn-Lagerstätten hängt Ge in der Hauptsache mit Zinkblende zusammen.

11. Sulfogermanite treten in verschiedenen Sulfid-Zinnerz-Lagerstätten auf, die sich unter oberflächennahen Bedingungen bildeten und ein vorhandenes Telescoping begleiten. Für solche Lagerstätten ist das Auftreten von Argyrodit und Canfieldit charakteristisch.

12. In Ge-reichen Lagerstätten beobachtet man oft große Konzentrationen von Gallium.

13. Die Bewertung der Ge-Gehalte von Sulfidlagerstätten an deren Ausbiß ist schwierig. In der Oxydationszone wird Ge weggeführt, und die sich hier bildenden Sulfide sind Ge-arm. In verschiedenen Fällen konzentriert sich Ge in der Oxydationszone in kolloidalen Bildungen (Limoniten usw.).

14. Es ist notwendig, auch die Ge-Gehalte von Kaustobiolithen, bituminösen Schiefern, Kohlen und Erdöl zu beachten. Erhöhte Ge-Gehalte in diesen können mitunter einen wertvollen Hinweis auf die Quellen des Ge darstellen. W. B.

SCHULZ, H.

Lagerstättengenetische Untersuchungen an den Baryt-Fluorit-Vorkommen von Niederschlag im Erzgebirge

„Bergakademie", Jg. 13 (1961), H. 2, S. 77–87

Die Arbeit bietet eine ausführliche Beschreibung und eine gründliche genetische, strukturelle und mineralogische Untersuchung der Baryt-Fluorit-Vorkommen der Lagerstätte Niederschlag/Bärenstein im Erzgebirge, einer meso- bis epithermal entstandenen hydrothermalen Ganglagerstätte. Eine lokale Aufwölbung des das Erzgebirge unterteufenden Granitbatholithen hat, nach dem Urteil des Verf., zur Bildung der Lagerstätte geführt. Aus den Restlösungen entstanden die Vererzungen. Metasomatische Verdrängungen des Nebengesteins (Marmor) sowie Phonolithintrusionen, die den Ganginhalt umlagerten, sind charakteristisch und werden eingehend beschrieben. HAVEMANN

KUSMENKO, M. W.

Zur Geochemie des Tantals und Niobs

Arbeiten des IMGRE der Akad. Wiss. UdSSR, Ausg. 3, Moskau 1959, S. 3–25

Tantal und Niob sind typische Oxyphile und weisen in den mineralbildenden Prozessen eine geochemische Affinität zu den Elementen Fe, Mn, Ti, TR, U, Th, Zr, W, Sc, Bi, Sb auf. Mit diesen Elementen bilden Nb und Ta komplexe Minerale oder gehen in die Minerale dieser Elemente als isomorphe Beimengungen ein. Außerdem begleiten Nb und Ta in den gesteinsbildenden Prozessen die Alkalimetalle, besonders Na und Li. Die Verwandtschaft der kristallochemischen und chemischen Eigenschaften von Nb, Ta und Ti bedingen einen unbegrenzten Isomorphismus dieser Elemente in den Mineralbildungen und die beständige Anwesenheit von Nb und Ta in Titanmineralen. Während der Evolution des Magmas vergrößert sich die Konzentration von Ta und Nb von den ultrabasischen Gesteinen zu den sauren und weiter zu den alkalischen. In allen Gesteinstypen überwiegt Niob stark gegenüber Tantal. Das Verhältnis von Nb zu Ta verändert sich von 5 in einigen Granitmassiven bis 17 in basischen und ultrabasischen Gesteinen. Die Nephelinsyenite nehmen eine Zwischenstellung ein. In allen Gesteinen, außer in den granitischen Pegmatiten, besitzt Niob die Majorität vor Tantal. Im sauren (Granit-) Gesteinskomplex assoziieren Nb und Ta eng mit Fe und Mn, in geringerem Maße mit Bi, Sb, W und Sn. Sie bilden mit diesen Elementen komplexe Minerale. Im Granosyenitkomplex bilden Nb und Ta komplexe Minerale mit Ti, TR der Yttriumgruppe, U und in geringem Maße mit Th. Die Konzentration von Nb und Ta wächst im Granit- und Granosyenitkomplex bis zum Abschluß der magmatischen und pegmatitischen Phase und fällt dann bis zum Abschluß der pneumatolytisch-hydrothermalen Phase. Die Konzentration des Nb und Ta hängt in den Alkalimassiven von der magmatischen Kristallisationsdifferentation ab. In gut differenzierten Massiven mit hohen Tantal- und Niobgehalten fällt der überwiegende Teil dieser Elemente in der magmatischen Phase aus, dann in der pegmatitischen und pneumatolytisch-hydrothermalen Phase. Die Konzentration der beiden Elemente verringert sich dabei gleichmäßig. Im alkalisch-ultrabasischen Gesteinskomplex geht während der magmatischen und pegmatitischen Phase Nb und Ta in geringen Mengen in Minerale des Ti und Fe ein. Am Ende der pneumatolytisch-hydrothermalen Phase erhöht sich die Konzentration von Nb und Ta in den Lösungen. Im ultrabasischen Gesteinskomplex bilden Nb und Ta keine eigenen Minerale, sondern gehen in Titan- und Eisenminerale der magmatischen Phase ein. TSCHORN

KOWALJOW, W. F., A. W. KOSLOW, A. I. KOWALTSCHUK & W. G. SOKOLOWA

Hydrochemische Methoden zum Aufsuchen von Chalkopyritlagerstätten im Südural

„Geochimija", Nr. 7, 1961, S. 596–603

Dem Aufsatz liegen Untersuchungen zugrunde, die in den Jahren 1957 bis 1960 durchgeführt wurden. Die Verfasser behandeln die Bedeutung der verschiedenen Prospektionsmerkmale, gegliedert a) nach dem Metallgehalt, b) nach dem Sulfatgehalt und c) nach sonstigen Kriterien.

Hinsichtlich der Cu- und Zn-Gehalte werden drei Gehaltsabstufungen unterschieden: Gehalte von 2–10 γ Cu/l bzw. 50–100 γ Zn/l entsprechen dem „allgemeinen regionalen Untergrund" in den Gesteinen der Grünsteinzone; Gehalte von 10–30 γ Cu/l (manchmal 40–50 und sogar 100 γ) bzw. 100–500 γ Zn/l (manchmal 1000 γ/l), als „lokaler Untergrund" bezeichnet, sind auf primäre Dispersionshöfe und eine geringe eingesprengte sulfidische Mineralisation zurückzuführen; Kupfergehalte über 30 γ/l und Zinkgehalte über 500–1000 γ/l gelten als anomal, sie sind auf einzelne Erzkörper, starke primäre Dispersionshöfe verborgener Erzkörper und reiche Einsprengungszonen zurückzuführen.

Die Dispersionshöfe von Kupfer und Zink besitzen gewöhnlich gleiche Abmessungen.

In unmittelbarer Nachbarschaft oxydierter Sulfidkörper kann der Molybdängehalt 80–2000 γ/l betragen; in der übergroßen Mehrheit der Wässer sulfidischer Lagerstätten wurde jedoch kein Molybdän angetroffen. Die Begleitelemente In, Tl, Ga, Ge und Bi wurden in Wässern nachgewiesen, die in unmittelbarer Nähe der Erzkörper auftreten bzw. einige Dutzend Meter entfernt, während die Elemente Co, Ni, Mo, Ag und As für Bereiche charakteristisch sind, die etwas weiter von den Lagerstätten entfernt sind. Pb und Sn sind in Abständen von einigen 100 m von den Erzkörpern noch nachweisbar, während Cr und Ba sowohl in den Wässern der Erzkörper als auch außerhalb davon angetroffen wurden.

Der Sulfatgehalt der untersuchten Wässer bewegt sich zwischen 1–2 mg/l und einigen g/l. In den nördlichen Teilen des untersuchten Gebiets deutet ein SO_4/Cl-Verhältnis >1 auf anomale Verhältnisse hin, während es im südlichen Teil, das aus marinen mesozoischen Ablagerungen besteht, nicht brauchbar ist. Für diese Bereiche wird ein neues Verfahren zur Einschätzung hoher Sulfatgehalte vorgeschlagen (Einteilung der Wässer nach Gruppen, die durch bestimmte Verhältnisse der Kationen und Anionen gekennzeichnet sind).

Die Verwendung herabgesetzter p_H-Werte (<6) als Suchmerkmal ist schwierig, da dieses Merkmal im südlichen Ural nicht spezifisch und nicht eindeutig ist. In manchen Lagerstätten kommen saure Wässer praktisch nur in den Erkundungsstrecken vor, die den Erzkörper aufschließen, auf anderen Lagerstätten wiederum fehlen saure Wässer sogar in diesen Erkundungsstrecken. Nur auf einer Lagerstätte (Gajskoje) sind saure Wässer noch in einigen hundert Meter Abstand vom Erzkörper zu beobachten. Des öfteren treten Wasser mit p_H-Werten von 4–5 auf, die nichts mit Erzlagerstätten zu tun haben; diese niedrigen Werte sind durch Huminsäuren bedingt, und andere, für Kupferlagerstätten charakteristische Elemente kommen in diesen Wässern nicht vor.

Die Verwendung des SO_4/HCO_3-Verhältnisses ist möglich, wenn wenig mineralisierte Hydrokarbonatwässer vorliegen und die Deckschichten nicht mit Chlorid und Sulfat versalzt sind; sonst verliert dieser Koeffizient seine Bedeutung.

Die Verfasser stellten ferner die Anwendungsmöglichkeit radiometrischer Verfahren fest. Diese beruhten darauf, daß die Kupferkieslager gewöhnlich an Bereiche gebunden sind, in denen saure und basische Effusiva wechsellagern. Die in den sauren Gesteinen (Quarzalbitophyren und Quarzsericitschiefern) zirkulierenden Wässer enthalten mehr Radium als die Wässer in basischen Effusiva (Diabase, Mandelsteinporphyrite). W. OESTREICH

WENDT, I.

Anwendungen von Radioisotopen in der praktischen Geologie

„Kerntechnik", Jg. 2 (1960), H. 1, S. 1–9

Es werden Anwendungen von Radioisotopen in verschiedenen Gebieten der Geologie beschrieben, zuerst Meßverfahren in Tiefbohrungen, speziell in Erdölbohrungen. Informationen über die Porosität der verschiedenen Horizonte und über Öl- und Gasführung der einzelnen Schichten liefert das Neutronlog, bei dem die in das Bohrloch heruntergelassene Sonde eine Neutronenquelle enthält, meist ein Ra-Be- bzw. ein Po-Be-Präparat, das schnelle Neutronen isotrop aussendet. Über der Neutronenquelle befindet sich ein Detektor für langsame Neutronen oder eine Ionisationskammer zur Messung der induzierten Gammaaktivität. Die schnellen Neutronen dringen in das die Meßstelle umgebende Gestein ein. Sie stoßen mit den Atomen der das Gestein aufbauenden Elemente bzw. mit denen des die Poren füllenden Wassers oder Öls zusammen und werden dadurch gebremst, und zwar beim Zusammenstoß mit Wasserstoffkernen weitaus stärker als durch schwerere Kerne. Je mehr Wasserstoff in der Umgebung der Neutronenquelle vorhanden ist, um so geringer ist die Reichweite der Neutronen und um so größer die Dichte der langsamen, abgebremsten Neutronen direkt an der Quelle.

Bei der Vermessung von Erdölbohrungen verwendet man häufig wegen seiner größeren Robustheit einen Gammadetektor, d. h., man mißt nicht unmittelbar die langsamen Neutronen, sondern die induzierte Gammastrahlung, die bei deren Kernreaktionen entsteht. Dieses Verfahren nennt man Neutron-Gamma-Log. Als Neutronenquelle dient meist ein Ra-Be-Präparat, das neben den Neutronen noch die starke Gammastrahlung des Radiums aufweist.

Im zweiten Abschnitt der Arbeit wird die Anwendung von radioaktiven Isotopen für Baugrunduntersuchungen behandelt. In Flachbohrungen kann die Bodenfeuchtigkeit mit einer Neutronensonde gemessen werden. Die Feuchtraumdichte wird mit der Gamma-Gamma-Sonde bestimmt, die aus einer Gammaquelle und einem Zählrohr nebst Vorverstärker besteht. Die in den Boden eindringende Gammastrahlung wird durch Comptonstreuung abgelenkt, wobei ein Teil der gestreuten Strahlung zum Zählrohr gelangt. Mit Hilfe einer Eichkurve läßt sich die von diesem gemessene Strahlungsintensität in Feuchtraumdichte umrechnen. Ein anderes, sehr einfaches Verfahren zur Messung der Bodendichte oberflächennaher Schichten beruht auf der Absorption der Gammastrahlung einer in den Boden getriebenen ^{60}Co- oder ^{137}Cs-Quelle.

Ein drittes Anwendungsgebiet der Radioisotope ist die Hydrologie. Hier sind die Tracer-Versuche zu nennen, bei denen eine gewisse Menge eines radioaktiven Isotops einem Medium zugegeben wird, um dessen Bewegung und zeitliche Änderung quantitativ studieren zu können. Hydrogeologen benutzen diese Methode, um Wasserbewegungen verfolgen und Wasserhaushaltsberechnungen durchführen zu können. Man kann auch andere Medien als Wasser radioaktiv markieren (z. B. Öl und Gas) und deren Bewegungen dadurch untersuchen. So dienten Gasimpfungen dazu, die Gasdurchlässigkeit poröser Schichten im Untergrund zu erforschen. E. SIEGMUND

KONTA, J.

Imbibometry — A New Method for the Investigation of Clays

„Am. Mineral.", Vol. 46 (1961), S. 289–303

Imbibometrie (von lat. imbibere = einsaugen) ist eine neue Methode, um die wesentliche Zusammensetzung eines Tones mit einfachen Mitteln in kurzer Zeit zu erhalten. Auf die mittels feinem Sandpapier glatt geschliffene Fläche einer Tonprobe (parallel der Schichtung) wird aus einer Pipette (konstante Tropfengröße) aus 4–6 mm Höhe ein Tropfen einer polaren Flüssigkeit getropft. Benutzt werden Wasser und Äthylenglycol. Man mißt bzw. registriert die Imbibitionszeit, das ist die Zeit, die zur Aufsaugung des Tropfens benötigt wird, die Fläche, die der Tropfen auf der Probe benetzt, die Form dieser Fläche sowie der Zustand der benetzten Fläche nach der Aufsaugung des Tropfens. Mit Hilfe dieser Werte ist eine Zuordnung zur Kaolingruppe, zu den Illiten oder Montmorinmineralien (dazu gehört auch „offener" Illit) möglich (Abb.). Ein diagnostisches Merkmal ist

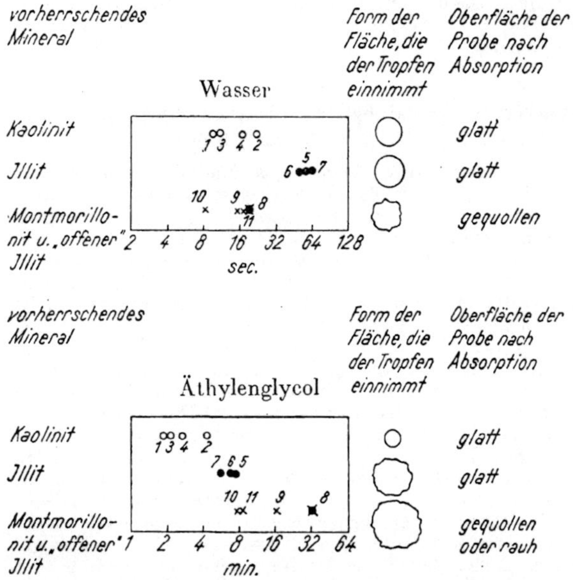

Abb. Form einer Bestimmungstafel für die Imbibometrie

noch das Verhältnis der benetzten Flächen von Äthylenglycol zu Wasser.

Es ist $\frac{\text{Äth}}{H_2O}$ <1 bei Kaolinit

>1 bei Illit

$\gg 1$ bei Montmorillonit

Für die Imbibitionszeit wird ein mathematischer Ausdruck gebracht:

$$t = \frac{s \cdot \eta}{\varepsilon^3 \cdot \sigma \cdot k} \left(\frac{q}{A}\right)^2$$

In die Formel gehen ein:

t = Zeit der Imbibition
s = Effektive Oberfläche der Mineralpartikel (in cm^2/cm^3 der Substanz)
η = Die Viskosität
ε = Die effektive Porosität
σ = Oberflächenspannung der Flüssigkeit
k = Konstante, die die Gestalt der Partikel einschließt
q/A = Flüssigkeitsmenge cm^3, die auf der Fläche (a cm^2) absorbiert wird

Von diesen Werten sind zwei Werte meist unbekannt: die effektive Porosität und die effektive Oberfläche der Mineralpartikel.

Verf. zeigt an mehreren Versuchsreihen, daß Schwankungen dieser Werte die Aussagekraft über die Zugehörigkeit zu einer der o. a. Tonmineralgruppen nicht beeinträchtigen, ihre Kenntnis also für diese Bestimmung nicht notwendig ist. Sie gewinnen jedoch Bedeutung bei der Untersuchung gleichartiger monomineralischer Tone. Bei gleichbleibender effektiver Oberfläche der Minerale bedeutet eine vermehrte Imbibitionszeit eine kleinere effektive Porosität, die auf stärkere Konsolidierung der Tone und damit, im gleichen Profil, auf ein höheres Alter hinweist.

Die Proben selbst müssen gewissen Forderungen genügen. Zu stark verfestigte Tone, sandig-schluffige Tone oder karbonatische Tone werden vorher aufbereitet und die Tonpartikel abgeschlämmt. Zum Schleifen wird der getrocknete Filterkuchen benutzt.

Die Imbibometrie zeichnet sich durch ihre einfache Handhabung und ihren geringen Geräteaufwand aus. Damit wird praktisch jede Tongrube und Ziegelei in den Stand versetzt, ihr anfallendes Material auf Gleichförmigkeit oder einen Wechsel in der Zusammensetzung qualitativ selbst zu prüfen.

K. Steinike

Tasch, K.-H.

Ein weiterer Tonsteinfund im Ruhrkarbon

„Glückauf", Jg. 96 (1960), H. 1, S. 47–49

Bei der Bearbeitung der Bohrung Prosper 5 der Rheinstahl Bergbau AG, die im Grafenwald zwischen Bottrop und Kirchhellen auf dem Südflügel der Lippemulde stand, wurde im Jahre 1957 im Flöz Iduna der Dorstener Schichten (Westfal C) ein bisher nicht beschriebener Tonstein gefunden. Der Iduna-Tonstein kommt, rd. 5 cm über dem Flözliegenden beginnend, in vier Lagen vor. Um den Mineralbestand dieser Tonsteinlagen festzustellen, wurden von Dr. Stadler vom Geologischen Landesamt Nordrhein-Westfalen röntgenographische Untersuchungen durchgeführt. In allen vier Tonsteinlagen wurde ausschließlich Kaolin festgestellt. Der Autor hofft, daß der Tonstein im Flöz Iduna bei waagerechter Verbreitung einen weiteren Leithorizont in den Dorstener Schichten abgeben wird.

E. Siegmund

Migdalski, H.

Über das Vorkommen von Methan in einer Erzgrube

„Bergbautechnik", Jg. 11 (1961), H. 4, S. 312–314

Verf. versucht, die Herkunft von geringen Spuren von Kohlenwasserstoffen in einer Erzgrube festzustellen. Im Nebengestein treten gelegentlich kohlenhaltige Schiefer auf, die nach angestellten Versuchen nicht als die alleinige Ursache der ständigen Methanbildung angesehen werden können. CO_2, CH_4 und Wasserdampf können sich auch bei der Zersetzung des Grubenholzes bilden und in die ausziehenden Wetter eingehen.

L.

Evers, H.

Probleme der Regionalplanung in den Entwicklungsländern, Teil I

Forschungsberichte des Landes Nordrhein-Westfalen Nr. 886
Westdeutscher Verlag Köln und Opladen 1960. — 112 S.

In der vom Forschungsinstitut für Internationale Technische Zusammenarbeit an der Rheinisch-Westfälischen Technischen Hochschule Aachen herausgegebenen Schrift tritt der Verf. für eine extrem kolonialistische Lösung der Wirtschaftsprobleme der Entwicklungsländer ein. Zu diesen rechnet er auch die sozialistischen Staaten, insgesamt 82% der Erdbevölkerung. Nach ihm sind z. B. die DDR und das demokratische Berlin unterentwickelt, während Westberlin dagegen dem amerikanischen Niveau entspricht. Der starke Einfluß, den die Erschließung der Bodenschätze auf die Wirtschaft der unterentwickelten Länder ausübt, wird betont. Beachtenswert sind Darstellungen über die Durchführung des Tennessee-Valley-Authority-(TVA)-Projektes und anderer wasserwirtschaftlicher Großprojekte des kapitalistischen Bereiches. „Die systematische Erschließung eines unterentwickelten Landes ist die verlockendste, zugleich aber auch die risikoreichste aller Planungsaufgaben...". Trotz dieser Erkenntnis kann der Autor natürlich den Imperialisten keinen Ausweg zeigen, der ihnen das in der kapitalistischen Entwicklung begründete Risiko abnehmen könnte.

E.

Neuerscheinungen und Literaturhinweise

Kirillowa, I. W. u. a.

Analyse der geotektonischen Entwicklung und Erdbebentätigkeit des Kaukasus

Verlag AN SSR, Moskau 1960. — 339 S.

Autorenkollektiv

Geologischer Bau und Erdöl- und Erdgasführung des nördlichen Kaukasusvorlandes

Gostoptechisdat, Moskau 1960. — 338 S.

Autorenkollektiv

Atlas der Unterkreide-Fauna des Nordkaukasus und der Krim

Gostoptechisdat, 1960. — 80 S.

Antropow, P. J.

Die wichtigsten Aufgaben zur Verbesserung der geologischen Erkundungsarbeiten

Sowjetskaja geologija, 1961

Bespjatow, W. I.

Einige Probleme der Bündelungstheorie in der seismischen Prospektion

Prikladnaja geofisika, 1960

Ambroggi, R. & J. Margat

Légende générale des cartes hydrogéologiques du Maroc

Service Géolog. du Maroc, Rabat 1960

Nachrichten und Informationen

Erdöl/Erdgas

Aus der Statistik der Welterdölförderung und der Welterdölreserven 1960

Nach einer Statistik („Erdöl und Kohle", 14. Jg., 1961) stehen an der Spitze der Welterdölproduktion mit einem Anteil von 33,14% (= 347286000 t) die USA. Ihr folgen an zweiter Stelle Venezuela mit 14,18% (= 148571000 t) und die Sowjetunion mit 14,12% (= 148080000 t). Die nächsten Positionen nehmen Saudi-Arabien mit 5,81% (= 60860000 t), Iran mit 4,97% (= 52065000 t) und Irak mit 4,53% (= 47483000 t) ein.

Den größten Prozentsatz in der Steigerung der Produktion gegenüber dem Jahr 1959 erzielte Algerien einschließlich der Sahara mit 523,1%. In weitem Abstand folgen danach: Nigeria mit 57,3%, Bulgarien mit 45,9%, Portugal mit seinen afrikanischen Besitzungen mit 42,9%, Argentinien mit 33,6% und Japan mit 30,5%.

*

Die größten Erdölreserven der Welt weist Kuwait nach mit 20,67% (= 8541100000 t). In der Rangliste folgen ihm: Saudi-Arabien mit 16,23% (= 6706900000 t), USA mit 11,47% (= 4740000000 t), Sowjetunion mit 10,42% (= 4315100000 t) und Irak mit 8,97% (= 3700000000 t).

Die größten Erweiterungen der Erdölreserven verzeichnet die Sowjetunion mit 459500000 t, gefolgt von dem Irak mit + 450100000 t. In die nächsten Positionen reihen sich ein: die USA mit 224000000 t, Libyen mit 68500000 t, Venezuela mit 62000000 t, Kanada mit 57800000 t, Indonesien mit 50900000 t, Indien mit 29700000 t und Argentinien mit 29400000 t.

Den größten Rückgang an Erdölreserven erlitt 1960 im Vergleich mit dem Jahr 1959 die „Neutrale Zone" im Mittleren Osten mit 79400000 t. Ihr folgen Mexiko mit — 34900000 t, Israel mit — 700000 t und Neu-Guinea mit — 400000 t.

*

Die Weltlage zusammengefaßt ergibt folgendes Bild: Insgesamt wurden 1960 gefördert: 1048266000 t Erdöl gegenüber 957578000 t im Jahre 1959. Das entspricht einer Steigerung von 7,5%. Die Anzahl der produzierenden Sonden der Welt ohne die Länder des sozialistischen Lagers beträgt 647225. Die Förderung pro Sonde (unter derselben regionalen Einschränkung) betrug demnach 4,1 t/Tg.

Die Gesamtreserven der Welt an Erdöl belaufen sich auf 41334000000 t. Der Zuwachs an Reserven wird mit 1436200000 t ausgewiesen. —K—

Erdgas contra Heizöl

Das Heizöl mit den schweren Fraktionen für die Industrie und den leichten für Kleinverbrauch und Hauswirtschaft hat sich innerhalb der letzten Jahre eine starke Position auf dem Heiz- und Energiesektor erobert. „Montanarchiv" Nr. 60 weist für die Jahre 1955 bis 1960 im Bereich der OEEC-Länder eine Steigerung um 83% von 32,4 Mill. t auf 59,3 Mill. t nach. Einen verhältnismäßig geringen Zuwachs von 56% erzielten dabei die USA, während Westdeutschland seinen Verbrauch fast um das Sechsfache von 2,5 Mill. t auf 14,5 Mill. t steigern konnte. Im gleichen Zeitraum zog der Verbrauch in Großbritannien um das Dreifache von 5,5 Mill. t auf 17,5 Mill. t an, und im Fernen Osten hielt Japan etwa gleichen Schritt mit einer Steigerung von 5,4 auf 15,7 Mill. t.

Die Grundlage hierfür ist eine schnell hochgeschraubte Raffineriekapazität, die sich in zunehmendem Maße auf Importe aus dem Nahen Osten, aus Nordafrika und aus Venezuela stützt. Es konnte auch im Raffinerieprozeß als solchem der Anteil der Heizölausbeute von 41,5% im Jahre 1955 auf 44% im Jahre 1960 hochgezogen werden. Mit einer weiteren Steigerung dieser Entwicklung ist zu rechnen.

Dem neuen Energieträger und Rohstoff erwächst mit dem Erdgas eine ernste Konkurrenz im eigenen Lager. Das Erdgas hat überall in der Welt seine Anerkennung auf den Rang des „dritten großen Energieträgers" mit Nachdruck geltend gemacht. Die Zahlen der Erdgasförderung Westdeutschlands geben hierfür ein sprechendes, aber unvollkommenes Bild, weil die Gasfelder des Emslandes und anderer Förderbezirke in den letzten Jahren nur mit 25 bis 50% ihrer Kapazität gefahren wurden.

1955 = 239,5 Mill m^3
1956 = 366,6 „ „
1957 = 350,0 „ „
1959 = 387,6 „ „
1960 = 440,0 „ „

Bis 1965 soll die Erdgasproduktion dort auf 5 Mrd. m^3 gesteigert werden. An „sicheren" Reserven werden derzeit rd. 25 Mrd. m^3 ausgewiesen, eine Zahl, die als äußerst vorsichtig bezeichnet werden darf. Regional gliedern sich die Vorräte folgendermaßen:

Norddeutschland	= rd. 20 Mrd. m^3
Bayern	= rd. 4 Mrd. m^3
Oberrheintal	= rd. 1 Mrd. m^3

Die Vorkommen sind fast ausschließlich an die Gesteine des Zechsteins gebunden, die in Tiefen von 2000 bis 4000 m angefahren werden. Da die Tendenz für Erkundungsbohrungen (Aufschlußbohrungen) auf das Erreichen immer größerer Tiefen abzielt, kann in nächster Zeit eine beträchtliche Vorratszunahme erwartet werden.

Zudem drücken die erdgasreichen Nachbarländer Holland und Frankreich auf den westdeutschen Markt. Insbesondere aber wird das Sahara-Projekt für die weitere Entwicklung dieses Kampfes von entscheidender Bedeutung sein. Hier werden Erdgasmengen von 1000 Mrd. m^3 als ohne weiteres förderbar angesprochen.

Dieser afrikanische Rohstoff kann mittels Pipeline oder durch eine ausgedehnte Tankerflotte nach Europa gebracht werden. Beide Möglichkeiten werden z. Z. vorbereitet. Das technische Problem der Verlegung einer Rohrleitung durch das Mittelmeer bei einer maximalen Tiefe von 2700 m u. M. ist theoretisch gelöst. Derweil werden in Frankreich bereits drei, in Großbritannien zwei Spezialtankschiffe für verflüssigtes Erdgas gebaut. Die Temperatur beträgt minus 161° C. Auf jeder Fahrt können 18 bis 30 Mill. m^3 Erdgas (1400 m^3 Gas = 1 t) verfrachtet werden.

Das auf diese Weise angelieferte Erdgas kann bei aller voraussichtlichen finanziellen Belastung im Ruhrgebiet mit nur neun Pfennig pro m^3 (Gestehungskosten) angeboten werden. Das entspricht im Verhältnis des doppelten Heizwertes von Erdgas gegenüber normalem Stadtgas effektiv nur 4,5 Pfennig pro m^3. K. Kauter

Westdeutsche Erdgasproduktion im 1. Halbjahr 1961

Die Gesamtförderung Westdeutschlands an Erdgas erreichte im 1. Halbjahr 1961 233,7 Mill. m^3. Das sind 20,6 Mill. m^3 oder 9,7% mehr als im gleichen Zeitraum des Vorjahres. Mit 69,3 Mill. m^3 stand dabei das Erdgasfeld Rehden (Weser—Ems) weiterhin an der Spitze. Ihm folgt das bayrische Feld Weitermühle mit 23,5 Mill. m^3.

Die Anteile der einzelnen westdeutschen Erdgasfelder an der Gesamterdgasproduktion für das 1. Halbjahr 1961 zeigt die folgende Tabelle: (in 1000 Nm^3)

Rehden	69332	Isen	6007
Weitermühle	23451	Steinkirchen	4443
Bentheim	20537	Eich	3835
Stockstadt	15639	Schnaupping	2126
Frenswegen	12003	Gendorf	1585
Wolfersberg	11440	Ampfing	1401
Esche	11044	Frankenthal	809
Kalle	9575	Düste	721
Wolfskehlen	9273	Meerdorf	591
Adorf	7847	Emlichheim	380
Thönse	7539	Darmstadt	164
Ratzel	7118	Mühldorf-Süd	72
Pfungstadt	6514	Itterbeck-Halle	6

He.

Westdeutsche Erdölförderung im 1. Halbjahr 1961

Die westdeutsche Erdölförderung betrug für das 1. Halbjahr 1961 insgesamt 2979340 t Rohöl. Dabei erfuhr vor allem die Förderung im Weser—Ems-Gebiet, in Holstein—

Hamburg und im Emsland eine beträchtliche Steigerung, während die Förderung in Hannover, im Oberrheintal und im Alpenvorland fast unverändert blieb.

Die einzelnen Bezirke haben an der Rohölförderung im 1. Halbjahr 1961 folgenden Anteil (in t):

Holstein—Hannover	279011
Weser—Ems	776555
Emsland	739534
Hannover	1007345
Oberrheintal	106940
Alpenvorland	269955

He.

Erze

Eisenerz in Finnland

In Finnland sind gegenwärtig nur zwei Eisenerzgruben in Betrieb, und zwar die 1950 eröffnete Grube Otanmäki in Mittelfinnland und die Grube Kärväsvaara. Seit 1955 ist die Otanmäki-Grube die führende Grube des Landes, 1956 wurden bereits rd. 750000 t Magnetiteisenerz und Ilmenit gefördert. Das Erz enthält durchschnittlich 32,7% Fe, 14,06% Ti und 0,66% S, es tritt in einer Vielzahl von Linsen auf, deren größte etwa 300 m lang und 4—20 m breit sind. Im Durchschnitt reichen die Erzkörper bis in eine Teufe von 550 m. Die bisher erkundeten Vorräte dieser Grube betragen rd. 30 Mill. t. Die Jahresförderung liegt z. Z. bei 800000 t, sie wird fast ausschließlich exportiert. Das bedeutend kleinere Vorkommen bei Kärväsvaara hat bisher nur Vorräte von etwa 1,5 Mill. t hochwertiger Magnetiterze erbracht, wovon jährlich rund 100000 t abgebaut werden. Die Erze dieser Lagerstätte werden ebenfalls exportiert.

In den nächsten Jahren soll mit dem Abbau einer Reihe von Eisenerzvorkommen begonnen werden, deren Erkundung in den letzten Jahren abgeschlossen wurde. Bei Raajarvi in Südlappland wurde ein Magnetiterzvorkommen mit rd. 10 Mill. t nachgewiesen. Der Abbau soll 1963 mit einer voraussichtlichen Jahresförderung von 300000 t aufgenommen werden. Ein weiteres abbauwürdiges Hämatit- und Magnetiteisenerzlager mit etwa 60 Mill. t Vorräten wurde bei Kolari in Westlappland erkundet. Zu den größten Vorkommen an Eisenerz zählt die Lagerstätte auf der Insel Jussarö vor der finnischen Südküste. Das Erz tritt auf einigen Inseln und Schären aus, wo heute noch kleine Gruben von dem Bergbau zeugen, der dort bereits im 19. Jahrhundert betrieben wurde. Die Gesamtvorräte in Jussarö werden von finnischen Geologen auf 200 bis 300 Mill. t mit durchschnittlichen Fe-Gehalten von 25 bis 35% angegeben. Der Abbau sieht eine jährliche Förderung von 2 Mill. t vor. —ul—

Die Eisen- und Stahlerzeugung Westdeutschlands im 1. Halbjahr 1961

Die Förderung an Eisenerz und die Produktion der Eisen erzeugenden Industrie Westdeutschlands im 1. Halbjahr 1961 entwickelte sich gegenüber dem gleichen Zeitraum des Vorjahres nach Angaben der „Eisen- und Stahlstatistik" wie folgt:

Förderung/ Erzeugung	1. Halbjahr 1960 (in t)	1. Halbjahr 1961 (in t)
Eisenerz	9370928	9518636
Roheisen	12709837	12919405
Rohstahl	16685009	17273100
Walzstahl	11258684	11093529

He.

Neue Kohlen- und Eisenerzvorkommen in Indonesien

Sowjetische Geologen haben in Ostkalimantan (früher Borneo) bedeutende Kohlenvorkommen entdeckt. Die Eisenerzvorkommen von Lanpong in Südsumatra sind ausreichend, um den Bedarf von zwei mit sowjetischer Hilfe geplanten Stahlwerken auf mindestens 30 Jahre zu decken. Eines dieser Stahlwerke wird in Südkalimantan mit einer Jahreskapazität von 250000 t und das zweite in Merak auf Java mit einer Jahreskapazität von 100000 t errichtet werden.

He.

Vanadium-Gewinnung in Transvaal

Vanadium ist in Transvaal bisher an mehreren Stellen gewonnen worden. Von Bedeutung ist jedoch allein die Lagerstätte von Kennedy's Vale, wo jetzt nach „Metal Bulletin" vom 2. 5. 1961 800 t hochprozentigen Erzes täglich gefördert werden, die 10 Meilen weit bis zur Bahnstation geschafft werden müssen. Die Lagerstätte befindet sich in einem kleinen Hügel, dessen Kern aus einem mit Vanadium führenden Verwitterungsmaterial bedeckten magnetisch wirksamen Tiefengesteinskörper besteht. Der Verwitterungsschutt reicht für einige Jahre Abbau aus, worauf aus dem Kern gefördert werden soll. Die Gesamterzförderung von 800 t täglich ergibt ca. 400 t Vanadium führenden Magnetit, der ca. 5 t körniges Vanadiumpentoxyd und Ammonium-Metavanadat enthält. Das Erz enthält weder Arsen noch Phosphor; die Hauptkomponenten sind Vanadium, Eisen, Titan und Silikat.

Ha.

Wismutproduktion Jugoslawiens

Jugoslawien produziert z. Z. 5—8% der Weltproduktion an Wismut und steht im Export dieses Metalls an erster Stelle in Europa. 1960 wurden 75 t Wismut-Metall vorwiegend nach Frankreich, Westdeutschland, Indien, den USA und der VAR exportiert. Hauptproduzent von Wismut ist die Trepca-Grube, die auf Blei-Zink-Erzen baut. —ul—

Die Volksrepublik China an der Spitze der Weltantimonerzeugung

Die Volksrepublik China steht schon seit Jahren wieder an der Spitze der Weltantimonerzeugung. Bekanntlich nehmen die qualitätsmäßig sehr guten Antimonerze neben Zinn und Wolframerzen noch eine beachtliche Stellung im Export der VR China ein. In den letzten 10 Jahren nahm die Weltantimonerzeugung folgende Entwicklung:

(in sh/t zu 907 kg)

	Volksrepublik China	Südafrikanische Union	USA	Bolivien	Welt
1951	8800	17480	3472	13025	70000
1952	8800	9949	2160	10800	49000
1953	11000	3009	372	6376	37000
1954	12000	9528	766	5751	44000
1955	13000	15641	633	5907	51000
1956	14300	15689	630	5635	53000
1957	15400	11021	709	7026	50000
1958	16500	7904	705	5818	44000
1959	16500	13539	678	6005	52000
1960	19000	13478	635	5872	57000

He.

Sonstiges

Bergbau Italiens

Nach den DIM-Länderberichten des Deutschen Instituts für Marktforschung, Nr. 20, Jg. 1961, entwickelte sich die Produktion von Bergwerkserzeugnissen in Italien wie folgt (in 1000 t):

	Jahr 1958	Jahr 1959	9 Monate 1960
Steinkohle	724	738	560
Braunkohle (Lignit)	816	1221	579
Bauxit	299	292	233
Eisenerz	1283	1237	950
Manganerz	43	52	35
Quecksilbererz	294	247	216
Zinkerz	277	272	207
Bleierz	94	83	59
Schwerspat (Baryt)	93	97	84
Feldspat	56	61	57
Fluorit	140	155	114
Schwefelkies (Pyrit)	1514	1522	1150
Asphalt	156	271	216
Schwefel, roh, geschmolzen	161	121	61
Schwefel (mineralisch) gemahlen	19	22	16
Salz (Meersalz und Steinsalz)	555	451	247
Asbest	36	45	38

Nachdem die Produktion des Erzbergbaus bereits 1959 um 7,5% abgesunken war, konnte sie 1960 nur um 2% erhöht werden. Neben der Förderung von Bauxit, die den Inlandsbedarf für die Aluminiumerzeugung zu rund 55% deckt, und von verhältnismäßig kleineren Mengen hochwertigen Eisenerzes hat für Italien besonders die Produktion von Quecksilbererzen Bedeutung. Infolge der krisenhaften Entwicklung auf dem kapitalistischen Quecksilbermarkt war sie längere Zeit rückläufig. Trotzdem steht Italien noch vor Spanien weiterhin an erster Stelle unter den kapitalistischen Produzenten von Quecksilber.

Der Bergbau von nichtmetallischen Mineralien, der im Jahre 1959 nur um 2% steigen konnte, erhöht seine Produktion 1960 um 8%.

Von erheblicher Bedeutung ist der Schwefelbergbau, bei dem Italien früher nach den USA an zweiter Stelle in der Welt stand. Rund 95% der Produktion entfallen auf die sizilianischen Schwefelgruben, in denen etwa 12000 Arbeiter beschäftigt sind. Ihre Produktion ist seit langem rückläufig. In einem kürzlich veröffentlichten Gutachten über die Lage der sizilianischen Schwefelindustrie, die heute noch einen Anteil von knapp 2% an der Weltproduktion hat, wird vorgeschlagen, von den zur Zeit bestehenden 39 Schwefelgruben der Insel nur noch neun in Betrieb zu belassen und die Förderung von 1,2 Mill. t Schwefelerzen auf 0,63 Mill. t jährlich zu senken. Schwefelerzlager von 12,5 Mill. t würden diesen neun Gruben eine Lebensdauer von etwa 20 Jahren sichern. Die Förderung soll durch moderne Maschinen mechanisiert und rationalisiert werden. Die erforderlichen Investitionen für das Gesamtprojekt wurden auf 47,5 Mrd. Lire veranschlagt.

In jüngster Zeit wurde in Italien mit der Förderung von Kalisalzen begonnen. Bisher mußte das Land seinen Bedarf an Kalisalzen ausschließlich durch Einfuhren, vor allem aus Westdeutschland, Frankreich, Israel, Spanien und der UdSSR decken. Die sizilianischen Lagerstätten sollen bereits in den nächsten Jahren eine Förderung von 3,3 Mill. t Kalisalzen jährlich ermöglichen. Während im Jahre 1957 nur 1100 t erzeugt wurden, stieg die Förderung 1958 bereits auf rund 60000 t an. Die bedeutendsten sizilianischen Vorkommen liegen in den Provinzen Caltanisetta und Enna. In der Provinz Enna sind die Anlagen zur Gewinnung von jährlich 1,8 Mill. t Kalisalzen nunmehr fertiggestellt.

Die italienische Rohölproduktion deckt gegenwärtig etwa 12% des Inlandverbrauchs. Im Jahre 1959 belief sich die Erdöleinfuhr auf 24,7 Mill. t, wovon 77% aus dem Mittleren Osten (Kuweit, Saudi-Arabien, Irak), 7,5% aus der UdSSR und 5,5% aus der VAR Ägypten kamen. Im selben Zeitraum wurden 8,7 Mill. t Erdöl und Erdölprodukte exportiert.

Produktion von Erdöl und Erdgas (Methan)

Jahr	1956	1957	1958	1959	1960
Erdöl (1000 t)	569	1262	1534	1696	1998
Erdgas (Mill. m³)	4465	4987	5182	6118	6477

Menge und Anteil der Energieträger der Primärenergieerzeugung (Menge in Mill. t. Steinkohleneinheiten, Anteil in %)

	1937		1950		1958		1959		1960	
	Menge	Anteil	Menge	Anteil	Menge	Anteil	Menge	Anteil	Menge	Anteil
Gesamt	23,5	100	25,6	100	49,3	100	52,8	100	61,2	100
Kohle u. Torf	14,2	60,4	10,2	39,9	10,9	22,1	10,2	19,3	11,1	18,1
Erdöl	3,4	14,5	5,6	21,9	17,4	35,3	19,6	37,2	24,2	39,5
Erdgas	0	0	0,6	2,3	5,8	11,8	6,6	12,5	7,0	11,4
Elektroenergie aus Wasserkraft [1])	5,9	25,1	9,2	36,0	15,2	30,8	16,3	30,8	18,9	31,0

[1]) Steinkohlenäquivalent für thermische Elektrizität bereits in den betreffenden Heizstoffen enthalten.

He.

Westdeutschlands Stein- und Braunkohlenförderung im 1. Halbjahr 1961

Die Steinkohlenförderung Westdeutschlands (einschl. des Saargebietes) betrug im 1. Halbjahr 1961 72,22 Mill. t gegenüber 71,42 Mill. t im 1. Halbjahr 1960.

Im gleichen Zeitraum wurden 18,47 Mill. t Steinkohlenkoks und Steinkohlenbriketts erzeugt gegenüber 18,46 Mill. t im 1. Halbjahr 1960.

Die Förderung an Braunkohle und Pechkohle im 1. Halbjahr 1961 betrug 47,82 Mill. t gegenüber 46,93 Mill. t im gleichen Zeitraum des Vorjahres. He.

Die Bauxitproduktion in Ungarn

In der VR Ungarn, die bekanntlich über reiche Bauxitvorkommen verfügt, erlebte die Erkundung und Produktion von Bauxit mit sowjetischer Hilfe im letzten Jahrzehnt eine erhebliche Steigerung. In der Bauxitproduktion Europas steht sie jetzt an zweiter, in der Weltproduktion an sechster Stelle.

Die Produktion in den sechs Haupterzeugungsländern der Welt zeigte für das Jahr 1958 folgenden Stand:

	Mill. t
Jamaika	5,87
Suriname (Holländisch-Guayana)	2,99
Frankreich	1,82
Britisch-Guayana	1,61
USA	1,33
VR Ungarn	1,05

1959 betrug die ungarische Produktion bereits 1,19 Mill. t, während 1961 1,2 Mill. t erreicht werden sollen. Die ab 1949 unter uneigennütziger Hilfe sowjetischer Geologen betriebene geologische Erforschung der VR Ungarn galt hauptsächlich den Bauxitvorkommen. In den Gebieten des nördlichen und mittleren Transdanubiens, des Gömörer Karstes und des Bükhgebirges wurden 4300 km² geologisch kartiert. 33% der Bauxiterze werden der Qualität I, 10% der Qualität II, 5% den Qualitäten III und IV zugerechnet. Die Gruben von Veszprém liefern zur Zeit 55%, die von Fejér 45% der Produktion. Die wichtigsten Bauxitlagerstätten liegen im Gebiet des Bakonygebirges bei Vertes, bei Gerecse und im Pilisgebirge; die Hauptzentren der Produktion sind Halimba (im südlichen Bakonygebirge) Nyirad, Iszba-Szentygörgy und Gant. Der Prospektion wurde die Aufgabe gestellt, jährlich 1 bis 1,3 Mill. t Bauxit der Qualität I neu zu erkunden. Zur Deckung des steigenden Bedarfs der Sowjetunion und der benachbarten Volksdemokratien wird der Ausbau der Bauxitbergwerke auch weiterhin energisch vorangetrieben. Ha.

Bauxit in Griechenland

Die Bauxitvorräte Griechenlands werden auf über 100 Mill. t geschätzt. Der Abbau beträgt jährlich etwa 1 Mill. t und wird in fünf größeren Bergbaubetrieben durchgeführt. Griechenland besitzt noch keine eigene Aluminiumindustrie, so daß die gesamte Produktion exportiert wird, und zwar zu 50% in die UdSSR und zu etwa 30% nach Westdeutschland. —ul—

Bauxitvorkommen in Suriname

Ein neues großes Bauxitvorkommen wurde im westlichen Teil von Suriname (Niederländisch-Guayana) in der Nähe des Courantyne-Flusses an der Grenze nach Britisch-Guayana aufgefunden. Die Vorräte werden auf ca. 200 Mill. t geschätzt.

Bekanntlich steht Suriname mit einer Bauxitproduktion von 2990000 t (1958) hinter Jamaika bereits an zweiter Stelle in der Weltproduktion. He.

Fortschritte der Kreideproduktion auf Rügen

Seitdem die Förderung der Kreide aus dem Vorkommen auf Rügen, dem größten Europas, von dem VEB Vereinigte Kreidewerke Rügen betrieben wird, der mit modernen technischen Mitteln arbeitet, ist die Produktion von Jahr zu Jahr angestiegen. Der Betrieb umfaßt 16 Tagebauanlagen. Förderung und Aufbereitung sind weitgehend technisiert. In Saßnitz und Sagard sind neue mechanisierte Anlagen geschaffen worden. Die Produktion ist von 98700 t Kreide (1958) im Jahre 1960 auf 101100 t gestiegen. 1961 sollen 110000 t gefördert werden. Im ersten Halbjahr 1961 wurden 4000 t überplanmäßig produziert. Die Kreideindustrie ist dadurch in der Lage, mit dem wachsenden Bedarf Schritt zu halten und nicht nur die schnell zunehmenden Bedürfnisse der Bauindustrie, sondern auch die der Landwirtschaft und der übrigen Bevölkerung zu befriedigen. Ha.

Maschineller Abbau von feuerfestem Ton

Der Bedarf der mit hohen Temperaturen arbeitenden Industrien (Hochöfen, Stahlwerke, Hütten für Nichteisenmetalle, keramische und chemische Industrie) an feuerfesten Materialien, hauptsächlich Schamotte und Silika, ist mehr und mehr angestiegen, so daß eine qualitative, mengenmäßige und kostenmäßige Verbesserung der Förderung der Ausgangsstoffe nötig wurde, was zur Entwicklung neuer Geräte führte. In „Bergbau-Rundschau", Juni 1961, wird darüber ein Überblick gegeben.

Die bei der Verwitterung feldspathaltiger Eruptivgesteine entstandenen feuerfesten Tone sind je nach ihren chemischen, physikalischen und grobmechanischen Eigenschaften von unterschiedlicher Qualität, wobei die Schmelzpunkthöhe am wichtigsten ist. Erst ab SK 26 = 1580° C bezeichnet man Tone als feuerfest. Siehe hierzu die nachstehende Tabelle der meistverwendeten Arten:

Die wichtigsten Arten feuerfester Tone

Tonart	Al_2O_3 %	Fe_2O_3 %	Schmelzpunkt in SK	Struktur	verwendet als
Schieferton	42...47	1...3	34...36	nicht plastisch	hochwertiges Magerungsmittel
Schlämmkaoline	40...44	< 1	33...35	wenig plastisch	Bindeton u. Schamotte
Rohkaoline	20...30	< 2	30...32	mäßig plastisch	Bindeton u. Magerungsmittel
Hochplastische Tone	37...44	1...3	32...34	sehr plastisch	Bindeton u. Schamotte
Ton mit mittlerem Tonerdegehalt	30...37	1...3	31...33	plastisch	Bindeton u. Schamotte
Saure Tone	20...30	1...2	28...31	plastisch	vorwiegend als Bindeton
Sandige Tone	10...20	1...2	26...29	mäßig plastisch	vorwiegend als Bindeton

Die heute hauptsächlich angewandten Fördergeräte sind der auch unter Tage verwendbare verbesserte Druckluftspatenhammer, der Tonpflug (im Tagebau) und die in den letzten Jahren entwickelte Tonstechmaschine, die ohne Druckluft direkt mittels eines Elektromotors arbeitet. Ähnlich wie der Tonpflug über Tage arbeitet unter Tage der Stollenschneider, ein größeres Maschinenaggregat, das jedoch im Unterschied zum Tonpflug mit Vertikalschnitt angreift.

Ha.

Vorratsberechnung mit der Digitalrechenmaschine

Die Ermittlung von endgültigen Werten bei der Berechnung von Erzvorräten, die aus dem Vergleich der Berechnungen nach den verschiedenen bekannten Methoden (Vielecks-, Dreiecks- und statistische Methode) zu gewinnen sind, kann bei Verwendung einer Digitalrechenmaschine mit erheblicher Ersparnis an Zeit und Kosten durchgeführt werden. In „Mining Engineering", 1961, H. 1, S. 37—42, wird ein Rechenprogramm mit acht Variablen entwickelt, wie es bei einem Tagebau in der Nähe von Tucson (Arizona) mittels einer solchen Maschine durchgeführt wurde. Als Variable können u. a. die Art des Abbaus (über oder unter Tage), Orte und Regelmäßigkeit der Probenahme eingesetzt werden. Beigefügte Tabellen geben einen Überblick über Rechenprogramm, Rechenkosten und Rechenzeiten.

Ha.

Kurznachrichten

Ein weiteres **Erdgas**vorkommen wurde im Gebiet von **Saratow** (RSFSR) entdeckt. Damit beträgt die Zahl der Erdgasvorkommen in diesem Gebiet mehr als 40. Im östlich der Wolga gelegenen Teil des Saratow-Gebietes wird gegenwärtig 2,6 mal soviel Erdgas gewonnen wie in der ersten Hälfte des Jahres 1960.

Auf 500 Mill. t werden die **Erdöl**reserven geschätzt, die durch Bohrungen bei Murban und Um Shaif an der Piratenküste des **Persischen Golfs** erschlossen wurden.

Im **Eisenerz**bergbaurevier **Salzgitter** stieg die Roherzförderung in den ersten neun Monaten des laufenden Geschäftsjahres (1. Okt. 1960 bis 30. Juni 1961) auf 5,061 Mill. t gegenüber 4,858 Mill. t in der gleichen Zeit des Vorjahres.

Von dem Abbau des **Eisenerz**lagers bei Fort Gourand in **Mauretanien** wird eine Jahresförderung von 4 Mill. t Erz mit 68% Fe-Gehalt erwartet. Bei Tindouf an der algerisch-marokkanischen Grenze lagern 500 bis 1000 Mill. t Erz mit 57% Fe-Gehalt. Bei Mekambo in **Gabun** soll mehr als 1 Mrd. t Erz mit 65 bis 68% Fe-Gehalt vorhanden sein.

Das neuentdeckte und auf 100 Mill. t geschätzte **Manganeisenerz**-Vorkommen von Neuquen in **Argentinien** (etwa 1000 km südwestlich von Buenos Aires) soll 25% Mn enthalten.

Die für eine jährliche Produktion von 10000 t projektierte **Kupferhütte** in Khetri (**Indien**) soll jetzt für eine Produktionskapazität von 25000 t errichtet werden. Die Kupfererzvorkommen im Umkreis von Khetri sind erst in geringem Umfang erforscht.

Die **Kupfer**produktion in **Australien** lag 1960 mit etwa 103000 t um 8000 t höher als im Vorjahr.

Aus den neuentdeckten **Bleierzvorkommen** im Moulouyatal **(Marokko)**, das 5 bis 6 Mill. t Erz mit 3% Pb enthält, sollen zunächst 2000 bis 3000 tato gefördert werden.

In der **ČSSR** wird das neue Werk für die Produktion von **Germanium** aus einer bei Slang, nördlich von Prag, gefundenen Kohle demnächst den Betrieb aufnehmen.

In **Ghana**, dessen **Bauxit**exporte 1960 rd. 224000 t (gegen 1959 rd. 148000 t) betrugen, ist nach Ausführung des Volta-River-Projekts und der Erschließung weiterer Lagerstätten mit einer sehr erheblichen Steigerung der Bauxitproduktion zu rechnen.

Die von polnischen Geologen bei **Swidnica** (Schweidnitz östlich von Wałbrzych) entdeckten **Magnesit**vorkommen sollen ab 1962 gefördert werden.

Die sehr bedeutende **Gold**förderung in **Ghana** betrug 1960 rd. 892700 Unzen Feingold im Werte von 11,1 Mill. £G. Zur Stützung der Lohnsteigerungen hat die Regierung in Accra einen Zweijahreszuschuß von 100000 £G an vier Goldbergbaubetriebe beschlossen.

Nach Angaben des Statistischen Amtes des Wirtschaftsministeriums stand **Mexiko** auch im Jahre 1960 mit seiner Erzeugung von 1385 t **Silber** an der Spitze der Silberproduzenten des kapitalistischen Lagers.

Ein Verfahren zur **Gewinnung** von **Aluminium** aus reinem Ton statt aus Bauxit wurde in den USA entwickelt. Das in einem Säureprozeß gewonnene Aluminiumsulfat wird zu Tonerde aufbereitet.

Bei Kolodawa in der Nähe von Poznan, dem bisher einzigen **Kali**vorkommen der VR **Polen**, ist mit dem Bau eines Kalikombinats begonnen worden. Im Jahre 1965 sollen bereits 25000 t Kali produziert werden.

Nach erfolgter Kartierung der wichtigsten Gebiete des schwer zugänglichen **Nepal** am Himalaja wurde in mehreren im Staatsbesitz befindlichen **Bergwerken** die Produktion aufgenommen. Zunächst werden hochwertiger Talk, Ocker und Glimmer gewonnen. Die Bedingungen für die Aufnahme der Gold- und Kobaltgewinnung sind ebenfalls günstig.

In **Guinea** wird künftig die neugegründete **Nationale Gesellschaft für Lagerstättenforschung und Bergbau** allein über Erforschung, Förderung, Transport und Export der Edelmetalle verfügen.

Kredite von insgesamt über 9 Mrd. Rubel (900 Mill. der neuen Währung) gewährt die **Sowjetunion** 1961 vierzehn jungen Staaten in Afrika und Asien. Etwa 300 Industriebetriebe werden mit sowjetischer Hilfe gebaut. Außer Indien, der VAR, Indonesien, Ceylon und Afghanistan erhalten u. a. auch Nepal, Burma, Kambodscha, Ghana und Guinea technische Hilfe.

Eine **Bohrbühne** mit 14 übereinander angebrachten, gleichzeitig arbeitenden Bohrhämmern, die bis 100% mehr leisten soll als normale Bohrstutzen und nur wenig Bedienungspersonal erfordert, wurde in Schweden entwickelt.

Allen unseren Lesern, Freunden und Autoren wünschen wir

Ein erfolgreiches Jahr 1962

Redaktion der ZEITSCHRIFT FÜR ANGEWANDTE GEOLOGIE

*

Всем нашим читателям, друзьям и авторам желаем

Успеха в 1962 году

Редакция ZEITSCHRIFT FÜR ANGEWANDTE GEOLOGIE

*

To all Our Readers, Friends and Authors

Best Wishes for a Prosperous Year 1962

ZEITSCHRIFT FÜR ANGEWANDTE GEOLOGIE, Editorial Department

An unsere Leser!

Zusammen mit diesem Heft werden kostenlos eine Einbanddecke und das Inhaltsverzeichnis für Band 7 unserer Zeitschrift ausgeliefert. Sollten einige unserer Abonnenten nicht in den Besitz der Einbanddecke gelangen, bitten wir, sich mit der Vertriebsabteilung des Akademie-Verlages in Verbindung zu setzen.

Die Redaktion

Herausgeber: Staatliche Geologische Kommission und Zentrale Vorratskommission für mineralische Rohstoffe der Deutschen Demokratischen Republik. Für die kollektive Chefredaktion: Dr. K. KAUTER (Redaktionssekretär), Berlin. Redaktion: Berlin N 4, Invalidenstraße 44. Verlag: Akademie-Verlag GmbH, Berlin W 8, Leipziger Straße 3–4 (Fernsprecher 220441, Telex 011773, Postscheckkonto: Berlin 35021). Bestellnummer des Heftes 1047/7/12. Die „Zeitschrift für angewandte Geologie" erscheint monatlich. Bezugspreis 2,– DM je Heft. – Satz und Druck: Druckhaus „Maxim Gorki", Altenburg. Veröffentlicht unter der Lizenznummer ZLN 5008 des Ministeriums für Kultur. Karten: MdI der DDR, Nr. 6717, 6769, 6832/K 11.

Papier | Fördert gute Waldnutzung
FSC® C083411

Zeitfracht Medien GmbH
Ferdinand-Jühlke-Straße 7
99095 Erfurt, Deutschland
produktsicherheit@kolibri360.de